**西南烟区烟叶样品图鉴系列丛书**

# 大理红大烟叶样品图谱研究

邱晔　周雪娟　刘鲁娟◎著

中国质量标准出版传媒有限公司
中国标准出版社
北京

图书在版编目（CIP）数据

大理红大烟叶样品图谱研究/邱晔，周雪娟，刘鲁娟著.
—北京：中国质量标准出版传媒有限公司，2024.3
　（西南烟区烟叶样品图鉴系列丛书）
　ISBN 978-7-5026-5303-3

　Ⅰ.①大…　Ⅱ.①邱…②周…③刘…　Ⅲ.①烟叶—标
准样品—研究—大理白族自治州—图谱　Ⅳ.①S572-64

中国国家版本馆 CIP 数据核字（2024）第 000674 号

**大理红大烟叶样品图谱研究**

中国质量标准出版传媒有限公司
中 国 标 准 出 版 社　出版发行

北京市朝阳区和平里西街甲 2 号（100029）
北京市西城区三里河北街 16 号（100045）
网址：www.spc.net.cn
总编室：（010）68533533　发行中心：（010）51780238
读者服务部：（010）68523946
北京博海升彩色印刷有限公司印刷
各地新华书店经销
\*
开本 880×1230 1/16　印张 11.5　字数 150 千字
2024 年 3 月第一版　2024 年 3 月第一次印刷
\*
定价 83.00 元

# 前言

随着烟草行业高质量发展和"原料保障上水平"战略任务的不断推进，烟叶样品的重要性更加彰显，为加强行业烟叶样品工作，充分发挥烟叶样品在烟叶收购、原料采购、交接验货、技能培训、职业鉴定、品质研究等方面的作用，规范行业烟叶样品的管理，国家烟草专卖局于2015年按照中国四大烟叶种植区域，分别在北京、郑州、长沙、昆明建立北方、黄淮、东南、西南四个行业烟叶样品中心。其中，中国烟草总公司西南烟叶样品中心于2018年6月建成并正式投入使用，主要负责云南、贵州、四川、重庆等产区的烟叶样品工作，承担西南烟区行业烟叶样品的征集与养护、烟叶基准与仿制样品审定、烟叶标准研究与标样研制、技能鉴定实物样品题库制备、烟叶分级技能培训与考核、烟草原料分析与质量评价、烟叶样品数据库建设、数字烟叶样品研究等工作。

大理白族自治州（以下简称"大理州"）地处云南省中部偏西，东经98°52′~101°03′，北纬24°41′~26°42′之间，云贵高原与横断山脉接合部，地势呈西北高、东南低的趋势。大理州东邻楚雄州，南靠普洱市、临沧市，西与保山市、怒江州相连，北接丽江市。大理州是云南省重要的核心烟区之一，其种烟历史长，种植水平高，烟农队伍稳定，烟叶品质好，特别是作为其中种植规模最大的红大烤烟主栽特需品种，因其颜色金黄、油分好、清香风格独特、内含物质丰富、化学成分协调、香气吃味俱佳、卷烟叶组配伍性好，在广受云南省内外卷烟工业用户喜好的同时，更值得对其加以系统和深入的研究。

为此，我们将《大理红大烟叶样品图谱研究》列入中国烟草总公司西南烟叶样品中心2023年度西南烟区烟叶样品图鉴系列丛书的出版计划。本图谱以西南烟叶样品中心2021年度烤季所征集的大理烟区红大品种烤烟样品为研究对象，组织烟叶评级领域的专家按GB 2635—1992《烤烟》相关技术要求进行严格的等级审定并制作成标准样品后，再分别从烟区与烟叶生产概况、烟叶外观质量、主要物理特性、常规烟草化学成分、内在感官评吸质量等维度进行全面的分析与评价，同时以西南烟叶样品中心新开发的烟叶实物样品数字化技术为手段，选取最具等级代表性的大理红大烤烟样品，通过最新开发的高保真烟叶图像采集与还原技术，制作成本套烟叶样品的高清图谱。本图谱具有烟叶样品等级齐全、代表性强、烟叶图像高清仿真、细节表达丰富、烟叶质量评价评述系统全面、兼顾烟草工商企业使用等特点，在填补该领域烟叶样品图谱空白的同时，还以期为我国从事烟叶生产收购、烟叶加工使用、烟叶标准样品及仿制样品制作、烟叶质检及管理、原料科研与技术开发工作的相关技术人员与管理人员提供技术参考，同时也为行业及相关烟区开展烟叶生产与收购质量培训、烟叶分级技能实训、考核、鉴定、竞赛提供烟叶标准样品图谱教材和相应的数字烟叶样品题库资源。

本图谱由中国烟草总公司西南烟叶样品中心邱晔博士组织策划、撰稿、统稿、审稿并具体负责其中第二章（烟叶样品高清图谱）、第五章（常规烟草化学成分）、第六章（内在感官质量评价）和前言等内容的撰写工作，红塔烟草（集团）有限责任公司周雪娟高级技师负责第一章（大理烟区与烟叶生产概况）的编写与第三章（烟叶外观质量评价）主要内容的撰稿，西南烟叶样品中心刘鲁娟技术员负责第四章（烟叶主要物理特性）的撰稿工作。本书在撰写及成稿过程中还参阅了相关行业机构（郑州烟草研究院、大理州烟草公司等单位）与部分专家学者的一些研究成果和技术资料，工作中得到上级单位领导、专家的大力支持，以及本单位其他工作人员，特别是李帆、黄建明、陈超、王隆、杨江南等技术员的帮助，在此一并表示衷心的感谢！

由于本书著者水平有限，难免有疏漏和不足之处，敬请同行批评指正。

邱晔

2023年6月于昆明

# 目 录

第一章

# 大理烟区与烟叶生产概况

大理州是云南省重要的核心烟区之一，烟叶质量好，深受省内外卷烟工业企业的喜爱。大理州以基地建设为载体，2023年共建成20个国家级烟叶基地单元，烟叶基地化率达63.62%。近年来，大理州的烟叶生产以卷烟品牌需求为导向，正实现从"种什么卖什么"到"要什么种什么"的跨越式发展，着力抓好特色品种、特需品种和区域特色烟叶生产，全力打造"红大"和K326特色优质烟叶生产品种，在坚持走特色烟叶提质增效之路上狠下功夫，并致力于把大理州打造成全国卷烟原料需求最旺盛的烟区之一，以确保全州烟叶生产的平稳健康发展。

## 一、烟区植烟资源

### （一）地形地貌

地貌复杂多样，点苍山以西为高山峡谷区，点苍山以东、祥云县以西为中山陡坡地形。境内的山脉主要属云岭山脉及怒山山脉。点苍山位于州境中部，如拱似屏，巍峨挺拔。北部剑川与丽江地区兰坪交界处的雪斑山是州内群山的最高峰，海拔4295m。最低点是云龙县怒江边的红旗坝，海拔730m。州内湖盆众多，有大理、宾川、祥云、云南驿、弥渡、洱源、三营、剑川、鹤庆、巍山、永平、凤羽较大断陷盆地12个。盆地为狭长形，呈南北展布，多与湖泊交错，是农业集中地带。主要河流属金沙江、澜沧江、红河、怒江四大水系，有大小河流160多条，呈羽状遍布全州。大理州境内分布有洱海、天池、茈碧湖、西湖、东湖、剑湖、海西海、青海湖等8个湖泊。

### （二）土壤资源及对烤烟的影响

#### 1.大理州土壤类型简况

大理州土地面积29459km²，山地占大理州总面积的80%以上。现有耕地1831.61km²，其中，田904.58km²、地927.03km²。

**（1）紫色土。**全州紫色土面积9018.44km²，占全州土地面积的30.61%。广泛分布于云龙、洱源、永平、漾濞、南涧、巍山、弥渡、剑川、大理等县市。

（2）**红壤土**。分布全州各县市山地及坝区边缘山麓洪积扇上，主要在海拔1500m~2400m的带谱内，有的上升到2600m，在河谷地区有的降低到910m以下，面积7870.40km²，占全州土地面积的26.72%。其中，耕作土面积783.86km²，占全州土地面积的2.66%。

（3）**水稻土**。全州水稻土面积1313.26km²，占全州土地面积的4.46%，分布于各县市，更集中于坝区。

2. 大理州烟区土壤酸碱度（pH值）和速效养分情况简述

（1）**pH值**。全州烟区土壤pH值＞7.0的土样比例以宾川、洱源两县较高，分别为68.71%和68.18%，为中性偏碱，其余十县市土壤pH值较集中地分布于6.0~7.0之间，属于适宜范围，其中南涧、剑川、祥云和永平更趋向微酸性。

（2）**有机质**。大理州烟区土壤有机质含量总体较高，其中尤以气候冷凉的中北部（大理、祥云、洱源、鹤庆和剑川等县市）更为突出，而烟区气候炎热的宾川县和漾濞县土壤有机质含量相对偏低。

（3）**碱解氮**。全州各县市土壤碱解氮含量普遍较丰，而土壤碱解氮含量适宜和不足的范围较小。

（4）**速效磷**。大理、漾濞、祥云、永平、鹤庆和剑川等县市的土壤速效磷含量较丰；云龙、宾川、弥渡和南涧等县约40%的土壤速效磷水平较低；巍山和洱源两县约40%土壤速效磷水平处于适宜范围，并有一部分土壤缺磷。

（5）**速效钾**。鹤庆、漾濞、南涧、云龙、洱源，永平、祥云七个县市土壤速效钾水平较高，缺钾面积比例较小；而巍山、宾川、弥渡和大理四个县市土壤缺钾面积比例相对较高，在33.33%~63.41%之间。

（6）**水溶氯**。全州80%以上烟区土壤水溶氯含量≤40mg/kg，部分烟区受前作种植大蒜的影响，土壤水溶氯含量高于40mg/kg。但近几年随着行业"禁氯"及大理州"洱海保护，三禁一推"等工作的开展，大理州土壤水溶氯含量有所降低。

### （三）气候特点及对烤烟的影响

大理州地处低纬高原，在低纬度高海拔地理条件综合影响下，形成了低纬高原季风气候特点，四季温差小。因较接近北回归线，太阳辐射角度较大且变化幅度小，形成年温差小，四季不明显的气候特点。"四时之气，常如初春，寒止于凉，暑止于温"。热带季风气候分雨旱季。大理州冬干夏雨，赤道低气压移来时（冬半年，11月至次年4月）为干季，雨量仅占全年降雨量的5%~15%；信风移来时（夏半年，5月至10月）为雨季，降雨量占全年的85%~95%。大理州由于地形地貌复杂，海拔高差悬殊，气候的垂直差异显著。气温随海拔高度升高而降低，雨量随海拔升高而增多。河谷热，坝区暖，山区凉，高山寒，立体气候明显。

据全州54个气象观察站（哨）观测，各县市历年平均年日照时数为1500h~2730h，最少为永平县北斗乡1504h，最多为宾川县2727h。各地日照百分率在47%~59%之间，最低为云龙，最高为宾川。值得注意的是，按照《全国烟草种植区划》制定的"烤烟生态类型指标"中，成熟期月雨量适宜区100mm~150mm，最适宜区100mm，大理州成熟期月雨量多数都高于这个指标。但是由于烟叶成熟阶段降雨多为过程性降雨，或夜雨昼晴，雨过天晴的天气较多，成熟期日照较好，有利于烟叶的成熟和质量提高，特别是有利于致香物质的形成和积累，这就是大理州烟叶香气吃味俱佳的自然原因。同时，由于地处高原，空气稀、云层薄、空气好、污染小，最能被烟叶利用的红光和蓝紫光多，光质好。在五六月份，烤烟处于团棵伸根期，太阳直射光多，紫外光强，有利于抑制烤烟地上部分徒长，促进根系发育，减少病害发生。7月份雨热同步，直射光减少，散射光多，有利于烟株充分生长发育，叶片伸展。而进入成熟期，雨水有所减少，晴间多云天气较多，既有利于烟叶质量的提高，又有利于烟叶正常成熟和采摘烘烤。

## 二、烟区规划与轮作

### （一）烟区规划

2021年，根据大理州人民政府的部署要求，全州各县市认真落实"好田好地种好烟"的要求，按照"以计划定规划、以规划定连片、以连片定面积"和"以连片推动土地流转、以土地流转促规划种植"的思路，在充分考虑土地资源、气候、水利条件、烤房设施、劳动力状况、种植技术等因素的基础上，持续推进稳烟区优布局工作。各县（市）围绕稳定总量规模、稳定核心烟区的工作要求，统筹谋划烟叶生产和非烟作物协同发展，积极探索多种土地流转模式。全州共流转土地82.04km²，土地流转方式由单一的烟农自主流转方式逐步发展到"企业＋烟农""村委会＋烟农""村委会＋企业＋烟农"等多种方式共存。其中，巍山县实行的"种烟村组统一规划烟区、统一集中收储、统一流转价格、烟农抽签定地块"模式，实现"一户烟农只种一片烟"。大理市盘活海西片区原流转土地12186.09km²，实现区域化连片种植。全州核心烟区种植面积299.95km²，占全部种烟面积91.9%，烟区"碎片化"种植的比例有所下降。

2021年，全州百亩[1]以上连片1310片，500亩以上连片97片，千亩以上种烟村委会152个，签订合同53324份，户均种植面积9.18亩，其中，20亩~50亩种烟农户6572户，占比12.32%，50亩及以上种烟农户196户，占0.37%，集中连片和适度规模经营不断提升，职业烟农、家庭农场培育取得新突破。烟农合作社育苗、机耕、采烤、分级专业化服务能力持续增强，机械化作业水平稳步提升，烟农生产用工数量逐年减少。年度投入基础设施建设资金4925.12万元，配套项目2231件；烟草援建水源项目4件，资金36912.62万元，烟区农业综合生产能力和自然灾害抵御能力显著提高；100%实施可视化合同网签和烟叶生产网格化管理，实现种植主体、种植地块、收购合同三位一体。

---

[1] 1 亩 =666.67m³。

## （二）轮作

轮作是提质增效的有效途径。合理轮作是土地用养结合，充分利用土壤营养元素，提高施肥效果，恢复、保持和提高土壤肥力，消除土壤中的有毒物质，减少病虫害的有力保障。因此，轮作对提高烤烟的产量、质量有着十分重要的意义。一般而言，实行区域化连片轮作或隔年轮作，有条件的水旱轮作最佳。若为山地烟，则旱旱轮作周期2年~3年为宜，且对轮作作物有较为严格的要求。前茬应选择生育期短的作物，如啤酒大麦、蚕豆、苦荞、油菜等，尽量避免种植豌豆等氮肥富集类作物，严禁种植三七、生姜及茄科、十字花科作物。

2021年，全州共落实烟田轮作面积280.41km²，较2020年提高6.2%；积极引进适用农机，实施开展机械化整地专业化服务，抢抓节令集中移栽，新增推广水肥一体化膜下滴灌26.55km²，建设绿色防控综合示范区103.25km²、辐射区223.11km²，亩均化学农药用量较2015年减少66.09%；巍山、剑川等相关项目试点成效明显，环洱海流域38.35km²烤烟全面实现绿色生产方式；推广生物质燃料2.12万t，节约煤炭1.7万t，减少二氧化碳排放3.4万t，"资源节约型、环境友好型"烟草农业发展模式不断完善。

## 三、特色优质烟叶标准化生产技术

### （一）烤烟漂浮育苗

烤烟漂浮育苗包括膜下小苗育苗和常规漂浮育苗两种技术。

1. 膜下小苗育苗

（1）成苗指标。漂浮育小苗，苗龄（播种—成苗）一般为35d~40d，叶片4片或5片，苗高5cm~6cm，苗敦实硬朗，叶色为淡绿色，根系发达，无病虫，均匀一致（见图1-1）。

图1-1　膜下小苗育苗

（2）**育苗盘**。推荐使用360孔的泡沫盘，其长×宽×厚为520mm×344mm×38mm（也可使用504孔盘）。

（3）**育苗棚**。小拱棚搭建拱架时，要拉线插放，横纵向成一条线。棚与棚侧间距0.8m以上，端间距1.2m~1.5m。有条件的区域推广移动式小棚。小拱棚规格：长、宽、高分别为5.8m、1.8m、0.9m。营养池数量及规格：每棚1个营养池，营养池长、宽、高分别为5.34m、1.37m、0.2m，埂高0.2m，四周埂宽0.2m。膜下小苗育苗棚见图1-2。

图1-2 膜下小苗育苗棚

（4）**装盘**。使用无菌、无毒、无污染的合格基质播种。装盘前，要平衡基质水分，一般基质水分以手捏能成团、触之即散为宜。若干燥，需加适量洁净水湿润。装盘时操作场地应平整、卫生。在洁净塑料膜上装盘播种，防止污染育苗物资与器具。盘面装满基质后，从离开地面30cm处轻轻反复掷落2次或3次，使基质填实每个孔穴，再用刮板刮平、刮净盘面的基质。用压穴板在孔穴中的基质表面中央压出2mm~3mm深的播种穴，及时清除压孔板上黏附的基质，保证压出深浅一致、大小均匀的播种孔穴。放置、保存压孔板应放在地面平整的地方。

（5）**播种**。适时播种培育适龄健壮小苗对小苗膜下移栽的成功至关重要，要谨防烟苗不能及时移栽变成弱苗甚至废苗。各植烟县（市）可根据前几年的经验和计划移栽期，倒推确定适宜的播种期。同一个地方移栽期往后推移，苗龄会有所缩短，反之苗龄会有所延长。因全州各地的光热条件及移栽期不同，应因地制宜确定适宜的播种期。须指出的是，孔穴密度较高的，例如504孔的苗盘，由于烟苗较为拥挤，烟苗容易起秆变弱，烟苗的宜栽期更短，所以使用这些盘子时须严格计算播种期并增加播种批次数。烤烟膜下小苗移栽分3个批次育苗，批次间隔时间5d。采用播种机或播种器精准播种，每穴播1粒、边行播2粒，对空穴进行补种后，用木片轻轻将基质抹平盘面进行盖种，以刚好将种子基本覆盖为宜。

（6）覆盖物管理。由里至外依次盖好防虫网（60目尼龙网）、棚膜、遮阳网。要求防虫网用细土压严，棚膜用土或压膜袋压实，用压膜条固定覆盖物，遮阳网应覆盖棚的两边两头。

（7）池水管理。营养池用水选择洁净无污染的地下水或饮用水，禁用被污染或不卫生的水源。pH值为6.0~6.8的水，使用时用$H_2SO_4$或NaOH调节，使pH值达到6.2±0.3。在播种前应关棚室24h以上，使营养池用水增温。漂放育苗盘时池水深度为15cm~17cm。漂放完育苗盘后20d内池水深保持约13cm，以后逐渐降低，烟苗出棚前一周降至3cm。苗期共需补水3次或4次，补水时应从不同位置、多点进行，不得只从一个位置进水，避免池水肥料浓度不均匀。

（8）温湿度管理。棚内温湿度的调控由调节遮阳网和开闭放风口来实现。管理原则为：前期以保温为主，压严棚膜，晴天早晚保温，中午降温，阴天适当通风，加强保温；后期以通风炼苗为主，自然温度管理。温湿度管理方法为：大十字期前，以调节遮阳网为主，辅以开闭棚膜；大十字期后，以开闭棚膜为主，辅以调节遮阳网。大十字期前要注意保湿、防止盘面基质盐渍化。开棚控温，迎风面开启幅度要小，背风面开启幅度要大，做到空气缓缓流动但不显著降温（十字期见图1-3，红花大金元的红色包衣见图1-4）。种子萌发期温度调节指标：白天棚温控制在28℃±2℃，夜间棚温≥12℃，最低水温≥10℃；出苗后，白天棚温控制在28℃~35℃之间。大十字期后，小棚揭去遮阳网、棚膜，只用尼龙防虫网覆盖，自然温度管理；大棚白昼打开放风口薄膜，自然温度管理。判断温度管理措施到位的指标：晴天下午5时的水温，播种后20d内达到18℃以上，且播种20d后达到20℃以上的棚室为正常管理，达不到上述指标的则为温度偏低，管理措施不到位。湿度管理：播种后到齐苗期，棚内相对湿度保持在80%±5%，干湿球温度差大于或等于1℃且小于或等于2℃；小十字期，棚内相对湿度保持在75%左右，干湿球温度差在3℃左右；大十字期后相对湿度保持在60%~70%。

图1-3 十字期

图1-4 红花大金元的红色包衣

（9）**养分管理**。齐苗期第一次施用营养液肥，用量为每立方米水1.0kg，营养液中氮元素含量150mg/kg~170mg/kg；小十字期加第二次营养液肥，加肥量为每立方米水0.7kg，增加氮元素含量105mg/kg~120mg/kg；每次补水、加肥后，营养液pH值变化幅度要小于0.2，可用$H_2SO_4$或NaOH调节pH值。具体视烟苗生长情况确定是否补肥。施肥时定点定量，保持肥料浓度均匀一致。要培育敦实、硬朗、略矮的烟苗，要严格控制施氮量和增加磷钾肥比例，防止烟苗徒长起秆。

（10）**间苗补苗**。烟苗进入小十字期时进行定苗，间除过大过小苗、病苗、畸形苗，留中间大小一致的烟苗，拔去穴中多余的苗，有空穴需进行补苗，确保每穴一苗。

（11）**剪叶**。烤烟膜下小苗移栽不需要剪叶。

（12）**炼苗**。间苗成活后，逐步减少遮阳网覆盖。当烟苗生长进入大十字期后，要及早揭除遮阳网、棚膜以增加光照和通风，以较低的温度和湿度促进烟苗稳健生长，增强烟苗对不良环境的适应能力，提高烟苗茎秆的韧性，增强烟苗的抗逆性，提高移栽后烟苗的成活率。

（13）**病虫害防治**。坚持"预防为主，综合防治"的植保方针，育苗全过程高度重视各项消毒工作（育苗前做好场地和旧物资消毒，育苗场地设置简易围栏隔离、入口处设置"消毒池场地内严禁吸烟"标识，农事操作人员在育苗过程中应用肥皂清洗手），保持棚群清洁卫生，坚持全程覆盖防虫网等。苗期病害重点防治普通花叶病、猝倒病、烟草黑胫病、茎腐病等，发现病株及时进行清除隔离、集中处理，同时对未染病的烟苗喷施防治药剂。苗期虫害重点防治烟蚜及蓟马。烟苗发放前2d~3d，统一进行病毒病、"两黑病"（烟草黑胫病、烟草根黑腐病）的防治，做到带药移栽。

2. **常规漂浮育苗**

（1）**成苗指标**。苗龄60d~65d，功能叶为5片~6片，苗高15cm~22cm，茎高10cm~15cm，茎围≥22cm，叶片和茎秆颜色为淡绿至正绿，无明显主根、侧根发达、多为白色，群体整齐一致，无病无虫（见图1-5）。

图1-5 常规漂浮育苗

（2）**常规漂浮育苗管理**。其包括消毒（育苗盘消毒、育苗池水消毒、剪叶器械的消毒及管理过程中的消毒）；装盘和播种；覆盖物管理；温湿度管理；水分管理；养分管理；间苗和补苗及剪叶，炼苗；病虫害防治。

① 消毒。育苗盘消毒、育苗场所消毒及管理过程中的消毒措施与烤烟膜下小苗育苗技术一致。但常规漂浮育苗在育苗环节需进行3次~5次剪叶，才能培育标准壮苗。而剪叶过程也可能成为病害传播的主要途径，特别是烟草普通花叶病。因此，剪叶器械必须进行严格消毒。采用弹力器剪叶的，每剪完1盘必须用消毒液浸泡过的麻布对钢丝进行消毒；辅助用剪刀进行修剪叶片的，每剪完1盘也必须对剪刀进行消毒。麻布和剪刀需用消毒液浸泡10min；用电动剪叶器剪叶，则每剪完10盘或一池烟苗必须进行一次消毒处理。

② 养分管理。常规漂浮育苗养分管理与烤烟膜下小苗存在一定的差异，主要表现在需肥量方面。齐苗期第一次施用营养液肥，用量为每立方米水1.0kg，营养液中氮元素含量150mg/kg~170mg/kg；小十字期加第二次营养液

肥，加肥量为每立方米水0.7kg，增加氮元素含量105mg/kg~120mg/kg；大十字期加第三次营养液肥，加肥量为每立方米水0.5kg，增加氮元素含量75mg/kg~85mg/kg；每次补水、加肥后，营养液pH值变化幅度要小于0.2。可用$H_2SO_4$或NaOH调节pH值；具体实施视烟苗生长情况确定是否补肥。配制营养液以一个营养池水的立方为单位，准确称量肥料分别配制，用20kg水溶解后多点位泼洒在营养池水面上，保持肥料浓度均匀一致。

③ 剪叶。常规漂浮育苗剪叶的原则为"前促、中稳、后控"。第一次剪叶在烟苗长到5片真叶时进行。每次剪去最大叶片对的1/3~1/2，不伤芯叶。第一次剪叶的原则是"前促"，即控制大苗、促小苗。第一次剪叶后5d~7d视烟苗长势进行一次剪叶，第二次、第三次剪叶的主要原则是"中稳"，剪叶时结合刮根、修剪底脚叶，即剪除烟苗下部老叶及病叶，留两叶一芯，保证烟苗生长的地上部分和地下部分协调一致和整盘烟苗生长的均匀性；到烟苗接近成苗，剪叶的原则是"后控"，即根据移栽期适当控制烟苗的生长，保证培育出壮苗移栽到大田。常规漂浮育苗一般剪叶3次~5次，全盘剪高度距生长点3cm~4cm。剪叶应在烟苗叶片露水干后进行，有病毒传染的苗不剪叶，及时废弃，妥善处理。剪叶工具必须消毒，盘上的碎叶应清理干净。

④ 炼苗。于移栽前3d~5d进行炼苗。晴朗高温气候不超过3d，阴天温度低炼苗不超过5d。炼苗的方法是小棚揭除遮阳网、棚膜，覆盖尼龙网，大棚揭除遮阳网，打开全部通风口，抽干营养池水，在自然光照、温度条件下晒苗炼苗至中午发生中度萎蔫，早晚能恢复为宜。炼苗结束重新向营养池中放少量水或向烟苗上浇淋水，以湿润烟苗根部基质，称为复水，移栽前1d~2d开始复水。复水后，用1%的烟用15%：15%：15%的复合肥水浇施在育苗盘上，称为"施送嫁肥"。装盘和播种方法、覆盖物管理、温湿度管理、池水管理、间苗补苗、病虫害防治与烤烟膜下小苗育苗技术基本一致。

### （二）移栽和田间管理

#### 1. 预整地

前茬布局早熟小春作物并及早收获，及早深翻犁，翻犁深度30cm以上，争取较多晒垄时间。要严格开挖排水沟，包括田块四周排水沟和十字沟，排水沟深度要比垄沟加深5cm~10cm，且片区内田块间排水沟要通畅。田烟开沟起垄要确保排水通畅，做到长田短墒，沟中不积水；地烟要求等高线开墒。由于膜下烟打塘较深，要强调在深翻犁的基础上高起垄。起垄高度要达到30cm以上。塘深要求12cm~15cm，要确保移栽盖膜后烟苗顶部与地膜间有6cm以上的距离。行株距规格：田烟行距1.1m~1.2m，株距0.5m，亩栽烟1100株~1200株；地烟行距1.0m~1.1m，株距0.5m，亩栽烟1200株~1300株。行株距应根据各烟区土壤肥力确定，肥力高的宜较宽，肥力低的宜较窄，但同一片区内行、株距应相同（见图1-6）。

图1-6 预整地

## 2. 移栽

为了促进红大早生快发和及早成熟，地膜覆盖栽培是最有效的措施。凡种植红大的烟区都有必要覆盖地膜。大理州烤烟地膜覆盖移栽主要有烤烟膜下小苗移栽（见图1-7）和常规地膜覆盖移栽两种方式。烤烟膜下小苗移栽技术，是使用苗龄仅35d~40d的不需要剪叶的烟苗进行膜下移栽的技术，采取边栽烟、边覆膜的方式；常规地膜覆盖移栽，是指移栽后烟苗暴露于地膜之上，于理墒、打塘、施基肥结束后及时覆膜，保持土壤水分，栽烟时用移栽器在膜上扎洞移栽，浇定根水后用土将开口压紧封住。近几年实践表明，膜下小苗移栽技术适宜布局在地势高、排水良好、无灌水条件和灌水习惯的烟区和常年"两黑病"发生轻微的烟区。地势低洼排水不畅的田块、移栽后有灌水条件和灌水习惯的烟区和常年"两黑病"发生严重的烟区，不适宜采用膜下小苗移栽。

**（1）移栽期的确定**

膜下小苗移栽的烟苗处于薄膜下，由于有膜的保温、保水作用，且在气温相对较低的时期（例如4月份），移栽后烟苗安全性更高，所以提早移栽更能发挥膜下小苗移栽的优势。此外，红大烟株后期难落黄难烘烤，为提早成熟期要适时早移栽，并缩短移栽期。大理州烤烟移栽期为4月20日—5月10日。其中，烤烟膜下小苗移栽最佳时间为4月25日—5月5日，常规地膜覆盖栽培最佳移栽时间为5月1日—5月10日。

**（2）移栽方法**

① 膜下小苗移栽。

A. 深耕深挖排水沟、高起垄深打塘。要严格开挖排水沟，其包括田块四周排水沟和十字沟，排水沟深度要比垄沟加深5cm~10cm，且片区内田块间排水沟要通畅。由于膜下烟打塘较深，要强调在深翻犁的基础上高起垄。起垄高度要达到30cm以上，塘深要求12cm~15cm，要确保移栽盖膜后烟苗顶部与地膜间有6cm以上的距离。

B. 浇足泅塘水。烟塘打好后，在移栽前塘中先浇足量的水，每塘浇水2kg~3kg，使塘底土充分润湿。

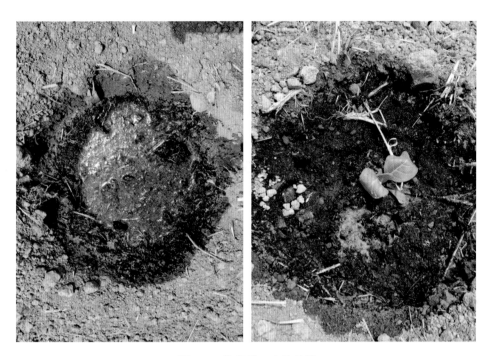

图1-7 烤烟膜下小苗移栽

C. 移栽和回水。待塘中水分落完时将烟苗栽下，栽烟后再浇适量水分或肥料水，使土粒与烟苗根系紧密结合。注意挑选壮苗移栽，烟苗运输途中注意轻拿轻放，避免太阳照射根系。

D. 防虫。移栽后用90％敌百虫800倍液（或百树得等）喷洒塘窝和烟苗，防治地下害虫。

E. 施肥。可以采用下述方式之一施肥。

a）移栽回水后用肥料总量的1/3~1/2复合肥，在离烟苗8cm~10cm的周围环形施肥或在烟苗两侧施肥，施肥后用细土将肥料和塘窝表面盖严，这样既能防止肥料挥发损失，又有利于保蓄水分。

b）在移栽后浇施浓度0.5％的复合肥水，或移栽后从通风孔浇施0.5％~1％的复合肥水，并在掏苗覆土前在烟苗两侧或周围干施肥料，施用量占总肥量的1/3~1/2。

F. 覆盖黑色地膜。移栽后要及时用黑色地膜覆盖，以减少水分散失。建议使用厚度10μm、宽1m~1.2m、透光率35％~45％的黑色地膜。盖膜时要将膜两边用土压严实，防止膜边翘起；在每隔数株烟的烟塘间还须加盖土粒以防大风将膜掀起（见图1-8）。

图1-8　覆盖地膜

当遇大雨后移栽时，如果烟垄土壤表面含水过多时，应让其适当晾干后才能盖膜，以免盖膜后膜下水分太多，高温水滴落下烫伤烟苗。移栽后，浇水时勿将水泼洒在烟垄表面，只需在塘窝内浇水即可。

G.开孔通风。烟苗移栽后，视温度和膜内水汽状况进行开口通风降温（见图1-9）。根据试验监测结果，当晴天中午13时—14时，若室外阳光下气温低于35℃，或膜内壁水汽不多时，可以暂不必开孔；当室外温度达到35℃或膜内壁水汽很多时，必须在烟苗上方侧边的膜上开一个直径1cm~1.5cm的小孔。但在大面积生产中，各地的空气湿度、风速差异大，为了防范温度陡升不能及时开孔的烧苗风险，当室外阳光下温度超过33℃时就要开一个小孔。开始时只需开一个小孔，之后随着气温升高和膜内湿度降低，必要时可以将原孔稍扩大或再开一个孔。开小孔后虽然会散失少量水分和温度，但因改善了光照同时还有利于接纳降水，对烟苗健壮生长还是有益的。

图1-9 开孔通风

H."两黑病"防治。由于打深塘和高温高湿的膜下环境易导致"两黑病"的发生，种植红大品种时膜下小苗移栽必须高度防范"两黑病"。防治方法：移栽后回水时每亩用百抗（枯草芽孢杆菌）200g兑水70kg~100kg浇施，也可以用烯酰吗啉50g兑水70kg~100kg浇施（用木霉菌的不能使用）；掏苗封口前用甲霜灵锰锌兑水50kg浇淋烟茎，使药液浸透烟根及周围的土壤；揭膜中耕培土时用烯酰吗啉50g兑水50kg浇淋烟茎；之后根据发病情况充分应用绿色防控技术进行防治。

I.掏苗追肥、封穴压膜。烤烟膜下小苗移栽，待烟苗长大叶片距离薄膜1cm~2cm时或烟叶开始出现轻微灼伤迹象时就应掏苗，掏苗后将剩余肥料环施或兑水追施，防止脱肥现象发生。用细土拥实烟苗基部，封严薄膜破口，减少膜内水分蒸发。

掏苗时要按以下流程操作。

a）扩孔炼苗。掏苗前先将薄膜破口扩大到直径10cm以上，让烟苗继续生长5d~7d，让烟苗先适应自然环境（见图1-10）。

图1-10　扩孔炼苗

b）浇水施肥。掏苗封口当天浇一次水或1%的肥料水，浇水后将复合肥施于烟苗之侧。

c）回土。烟苗掏出的同时将烟塘四周的土壤扒入塘窝内，尽量将细土培于烟茎基部（见图1-11）。

图1-11　回土

d）浇淋防"两黑病"的药物甲霜灵锰锌等。

e）用农家肥或（和）细土将膜口封严实。

以后的田间管理措施与常规地膜烟相同。

② 常规地膜覆盖栽培（见图1-12）。

常用的移栽工具有移栽器和小锄头。

采用移栽器移栽：将烟苗放入移栽器闭合的锥体内，对准移栽行中心位置，将锥体插入土中6cm~8cm，向左或右旋转将锥体张开，边浇定根水（1kg）边缓慢向上拔起移栽器、让烟苗芯叶露出地面2cm~3cm，用干土将膜口完全覆盖，穴位呈微凹陷形，便于积水。

采用小锄头移栽：用小锄头挖进土壤中10cm~13cm的深度，将烟苗放入穴中，浇足定根水（1.5kg）并缓慢向上拔起小锄头，让土壤自然回落，以烟苗芯叶露出地面2cm为宜，移栽后用干土将膜口完全覆盖，保持移栽穴呈微凹陷形便于集雨水保墒情。

图1-12　常规地膜覆盖栽培

建议基肥采用烟草专用复合肥，于移栽前用量器环施于塘底，肥料与烟株保持10cm~15cm的距离，施肥后用细干土或农家肥进行覆盖。

### 3.田间管理

**（1）查塘补缺**

烟苗移栽后3d~5d及时查苗补齐。同时，对弱小烟苗要浇偏心水或施偏心肥，促使大田烟苗生长健壮、整齐一致。

**（2）抗旱保苗**

抗旱保苗分为旱地浇水保苗和田烟浇水保苗两种方式。

① 旱地浇水保苗。有以下两种方法：一是移栽器浇水。将移栽器锥体底部在距烟苗左右两侧各10cm处斜插进土中，深度约10cm，将水灌入闭合的锥体内，缓慢张开锥体，待水全部浸入土内后用干土盖住浇水穴口，每穴浇水1kg。二是水管浇水。对有灌桩、自来水管等水源设施配套的地块，可采用水管浇水的方法进行抗旱浇水保苗，浇水后及时覆盖干土。

② 田烟浇水保苗。田烟可采用交替隔沟灌技术。

**（3）揭膜、中耕除草、培土**

揭膜的时间应根据当地降雨情况灵活掌握，雨季来临前3d~5d是揭膜、中耕除草、培土的最佳时机。正常情况下，应在烟株团棵旺长前期，一般是移栽后35d~40d适宜，清除的地膜及时带出烟田，残膜清除集中回收处理，避免污染植烟土壤环境。揭膜后及时中耕除草，以锄破土表、消除杂草、疏松烟株土壤、促进根系生长为目的。该次中耕除草株间要深锄，根基周围浅锄，同时尽量用细土封实烟株基部（见图1-13、图1-14）。大理州北部部分冷凉烟区土壤肥力很高，为避免揭膜后烟叶生长后期难成熟，可不揭膜。

当烟株进入旺长应及时提沟培土，采用二次培土，通过中耕做到深提沟高培土，细土要与茎基部紧密结合，培土后田烟墒高35cm以上、地烟30cm以上。

图1-13　中耕（一）

图1-14　中耕（二）

（4）水分管理

移栽时浇足还苗水，成活后若遇特殊干旱气候，应及时浇水。浇水时间以傍晚或清晨为宜。切忌大水漫灌或长时间泡水。有条件的区域应积极采用滴管、喷灌等节水农业技术。烤烟大田生长期适逢雨季，应提前引导烟农科学统筹规划排水系统，提前开挖"三沟"，保持四周边沟比中沟低10cm以上，中沟比墒沟低10cm以上，雨后能及时排出，做到沟无积水；同时，疏通烟地周边的排水管网，以便及时排除烟田积水，减轻水涝损失。

（5）平衡施肥

红大品种对肥料反应敏感，适宜施肥量的范围窄。经研究证明，红大根系吸收养分能力强，对养分的利用率高，因此在同等条件和同等生长量下比其他品种需氮肥少，且其耐肥性弱，在高施氮水平下红大容易因长势过旺后期贪青、不易退黄，难以烘烤，因此应控制红大的施氮水平。但肥量不能控得过低，否则产量过低且难烤好。生产实践经验证明，要保证红大有较高的产量、质量和收益，必须施用比其他烤烟品种多的钾肥和含钾高的肥料，如有机肥，并重视后期补钾。

（6）适时封顶，合理留叶

正常情况下，当烟田有50％以上的烟株中心花开放时进行封顶（见图1-15），封顶时保留最下两个花芽的两片叶，待烟株充分生长，上部叶开片充分后，根据烟株的个体长势进行第二次封顶，封顶后留足叶片数，一般每株留叶18片~22片。早花烟株封顶，打去花蕾后，选适合的烟杈留叶，抹去弱芽，顶上2杈或3杈，不施抑芽剂。封顶时先健株，后病株，晴天上午封顶；封顶采用剪刀或镰刀消毒后去顶，确保烟株切口呈斜面，减少空茎病害的发生。打掉的烟花、烟杈、烟叶应及时清除（烟田集中处理）。封顶的同时，打除长度超过2cm的腋芽，及时用化学抑芽剂从封顶的断口处顺茎秆慢慢流至下部，直至每个腋芽都有药液。化学抑芽应在晴天，不得在雨天或有露水的清晨进行。

图1-15　封顶

### （7）病虫害综合防治

红大比其他烤烟品种更容易感染"两黑病"和赤星病。"两黑病"是种植红大最大的隐患，需严防死守"两黑病"发生。烤烟病虫害综合防治必须贯彻执行"预防为主、综合防治"的植保方针。牢固树立烟叶安全和绿色防控理念，综合使用农业防治、生物防治、物理防治和化学防治，将病虫对烤烟的危害损失控制在适宜水平以下，保障烟叶生产的正常进行。

### （8）切实做到烟叶成熟采收

提高烟叶田间成熟度是解决红大烘烤难的关键，要严格按照烟叶成熟的标准进行采收。①下部叶适熟早采。下部叶由于其光照差，干物质含量低，不耐养，在把握成熟度的时候宜放宽，烟叶颜色绿黄，叶面落黄6成左右，主脉变白，支脉绿白，茸毛部分脱落，叶尖叶边稍下垂，栽后65d~70d，封顶后5d~7d即可采收。②中部烟叶成熟采收。烟叶颜色浅黄，叶面落黄8成左右，主脉全白发亮，支脉变白，茸毛脱落，叶面起皱，有成熟斑，叶尖叶边下垂，成熟一片采收一片，一般栽后80d左右，封顶后30d~40d采收。③上部叶充分成熟后采收。烟叶颜色淡黄，叶面落黄9成左右，主脉乳白发亮，支脉全白，茸毛脱落，叶面皱褶多，成熟斑明显，叶尖叶边发白下卷，栽后110d~120d，封顶后50d~60d采收。

## 四、烟叶生产经济产值

2021年，大理州种植烤烟326.36km$^2$，收购烤烟132.1万担[1]，收购均价33.21元/kg，上等烟占71.65%，实现烟农售烟收入21.94亿元，实现烟叶税收4.83亿元。

## 五、烟叶外观质量概况

2021年，大理州烟叶田间生长发育良好，烟叶开片较好，舒展性好。烟叶颜色以金黄至深黄为主，基本色彩纯正，多属于橘黄色浅色色域，少数属于橘黄色深色色域，成熟度较高，中上部烟叶呈现较明显的成熟斑和颗粒状物；叶面组织较细腻，叶片结构尚疏松至疏松；大部分烟叶身份较好，厚薄适中，少部分烟叶身份相对部位偏薄；表观油润感较强，油分为有至多，叶面皱缩柔软，韧性较强，弹性较好；烟叶颜色饱和度、均匀度较好，光泽度鲜亮，色度多为中至强。烟叶正面与背面颜色有差异，但差异不大。

下部烟叶：多为金黄，少数为深黄、柠檬黄，色彩纯正，光泽鲜亮；成熟较好，油分稍有至有，表观油润；叶片结构疏松，叶面较平坦柔软，较细腻，有一定韧性和弹性；身份薄至稍薄；色度中至强，叶尖和叶基有身份差和颜色差。

中部烟叶：多为金黄至深黄，少数为柠檬黄，颜色纯正，光泽鲜亮；成熟好，表观油润，油分有至多；叶片结构疏松，叶面皱缩柔软，较细腻至细腻，韧性强，弹性好；多数身份中等，少部分偏薄；色度多为强，少数烟叶色度为

---

[1] 1担=50kg。

中和浓，叶尖和叶基有身份差、颜色差小，均匀性好。

上部烟叶：多为橘黄至深橘黄，少数为金黄和柠檬黄，颜色纯正，光泽较鲜亮；成熟较好，叶面呈现较明显的成熟斑和颗粒状物；油分稍有至多，表观有油润感；叶片结构尚疏松至稍密，叶面皱褶，较粗糙，有韧性和弹性；橘黄色烟叶身份多为稍厚，柠檬黄色烟叶身份中等至稍厚；叶面有身份差、色差小，均匀性好。

## 六、卷烟工业调拨与应用

2021年，大理州收购烤烟132.1万担，年度调拨对接国内13家工业企业客户，并成为"中华""玉溪""云烟""芙蓉王""黄金叶""红塔山""白沙""利群""泰山"等国内重点卷烟品牌的核心原料基地。

2023年，大理州共种植烤烟342.37km²，较2021年略有增长，当年计划收购烤烟总量139.1万担。其中，作为种植计划量最大的主栽品种——红大烤烟已落实种植面积152.81km²，当年计划收购烤烟62.3万担。云南中烟工业有限责任公司多年来一直将大理州列入其最重要的烤烟核心调拨产区之一，2023年在大理全州的计划采购调拨量达60万担，其中仅对红大品种烤烟的需求达33.5万担（占大理州调拨总量的55.8%），有力支撑了"玉溪""云烟""红塔山"等重点卷烟品牌的发展。

# 第二章
# 烟叶样品高清图谱

用于本外观质量评价研究的大理烟叶样品为中国烟草总公司西南烟叶样品中心2021烤季征集的红大品种烤烟，该地区的烟叶样品经西南烟叶样品中心组织相关专家审定并制作成标准样品后于冷库（−18℃）中可长期保存并作烟叶外观质量对照检验留样。将该批共39个等级的烟叶样品从冷库中依次取出、解冻、逐步升温至正常温度后，从中选取最具等级代表性的烟叶样品（单叶及把烟），先在烟叶评级实验室标准工作条件下平衡48h，再打开该实验室标准光源，于标准光照（色温：5500K~5600K，工作台照度：2000lx±200lx，显色指数Ra≥92）条件下，按以下步骤分别对上述烟叶样品（单叶及把烟）进行图像采集和后期处理，制作烟叶样品的高清图谱。

样品预处理：将上述烟叶样品平铺于烟叶评级实验室工作台，并在设定大气环境温度22℃、相对湿度70%的标准工作条件（Q/YNZY(YY).J07.002—2022《烟叶样品 调节和测试的大气环境》大气环境Ⅰ）下平衡48h，再对各等级的单叶及把烟样品进行逐片、逐把检测，整理后备用。单叶样品采像之前还应将其叶面尽量铺展或压平。

高清图像采集：打开图像采集设备及数据工作站，设备预热15min；将制备好的烟叶样品（单叶或把烟）平铺于图像采集设备的玻璃平板上，合上遮光盖；打开图像采集软件，设定图像采集区域（单叶30.48cm×93.98cm，把烟60.96cm×93.98cm）及分辨率（400dpi），点击"采集"按钮自动获取烟叶样品的原始图像，再打开"滤镜"给原始图像选择添加虚光蒙版，生成高清图像，以RAW或TIFF原图制式存储于指定文件夹。

高清图像处理：以烟叶实物样品为参照，于数据工作站及专业显示器上打开图像处理软件对各烟叶样品图像分别进行对比校色（微调教）及背景处理（净化），以确保处理后的高清图像具备最高的实物仿真度、细节表达和色彩还原性，最后以初始分辨率、JPEG图像制式、图像与实物1：1的比例存储于指定文件夹，以上图像即为制作本图鉴中的各等级烟叶样品图谱。

# 一、X1L烟叶样品

叶片正面                                              叶片背面

把烟

# 二、X2L烟叶样品

叶片正面　　　　　　　　　　　　　　　　　　　　叶片背面

把烟

# 三、X3L烟叶样品

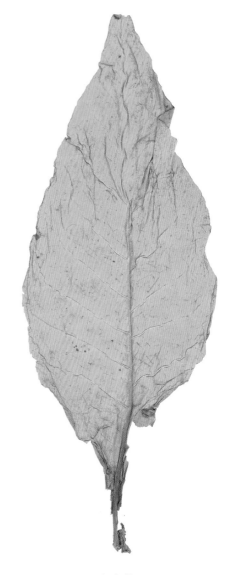

叶片正面　　　　　　　　　　　　　　　叶片背面

把烟

# 四、X4L烟叶样品

叶片正面          叶片背面

把烟

# 五、X1F烟叶样品

叶片正面                           叶片背面

把烟

# 六、X2F烟叶样品

叶片正面　　　　　　　　　　　　　　　　　叶片背面

把烟

# 七、X3F烟叶样品

叶片正面　　　　　　　　　　叶片背面

把烟

# 八、X4F烟叶样品

叶片正面

叶片背面

把烟

# 九、C1L烟叶样品

叶片正面          叶片背面

把烟

# 十、C2L烟叶样品

叶片正面　　　　　　　　　　　　　　　　叶片背面

把烟

# 十一、C3L烟叶样品

叶片正面 叶片背面

把烟

# 十二、C4L烟叶样品

叶片正面          叶片背面

把烟

# 十三、C1F烟叶样品

叶片正面        叶片背面

把烟

# 十四、C2F烟叶样品

叶片正面　　　　　　　　　　　　　　　　　　叶片背面

把烟

# 十五、C3F烟叶样品

叶片正面                                    叶片背面

把烟

# 十六、C4F烟叶样品

叶片正面　　　　　　　　　　　叶片背面

把烟

## 十七、B1L烟叶样品

叶片正面 叶片背面

把烟

# 十八、B2L烟叶样品

叶片正面                                    叶片背面

把烟

# 十九、B3L烟叶样品

叶片正面　　　　　　　　　　　　　叶片背面

把烟

# 二十、B4L烟叶样品

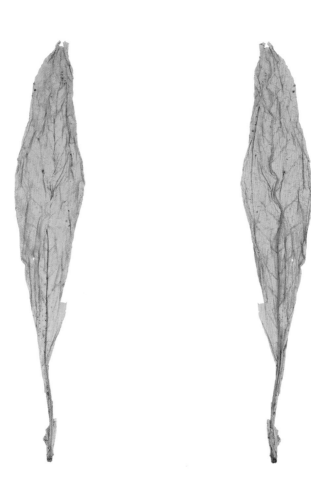

叶片正面　　　　　　　　　　叶片背面

把烟

# 二十一、B1F烟叶样品

叶片正面                                   叶片背面

把烟

# 二十二、B2F烟叶样品

叶片正面　　　　　　　　　　　　　　　　　叶片背面

把烟

## 二十三、B3F烟叶样品

叶片正面　　　　　　　　　　　　叶片背面

把烟

# 二十四、B4F烟叶样品

叶片正面　　　　　　　　　　　　叶片背面

把烟

# 二十五、H1F烟叶样品

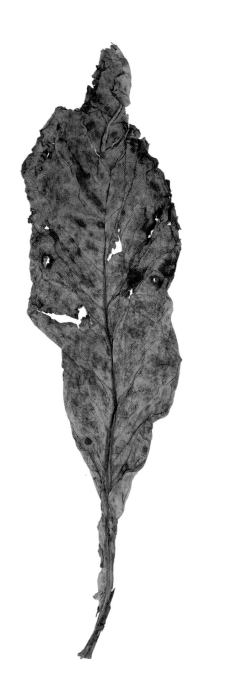

叶片正面                                           叶片背面

把烟

## 二十六、H2F烟叶样品

叶片正面　　　　　　　　　　　　　　　　叶片背面

把烟

## 二十七、X2V烟叶样品

叶片正面                                           叶片背面

把烟

## 二十八、C3V烟叶样品

叶片正面　　　　　　　　　　　　　　叶片背面

把烟

二十九、B2V烟叶样品

叶片正面　　　　　　　　　　　　叶片背面

把烟

# 三十、B3V烟叶样品

叶片正面　　　　　　　　　　　　　叶片背面

把烟

# 三十一、S1烟叶样品

叶片正面                                    叶片背面

把烟

# 三十二、S2烟叶样品

叶片正面　　　　　　　　　叶片背面

把烟

# 三十三、CX1K烟叶样品

叶片正面　　　　　　　　　　　　　　叶片背面

把烟

# 三十四、CX2K烟叶样品

叶片正面                                             叶片背面

把烟

三十五、B1K烟叶样品

叶片正面　　　　　　　　　　　　　　叶片背面

把烟

# 三十六、B2K烟叶样品

叶片正面          叶片背面

把烟

# 三十七、B3K烟叶样品

叶片正面                                   叶片背面

把烟

三十八、GY1烟叶样品

叶片正面　　　　　　　　　　　　　　　叶片背面

把烟

# 三十九、GY2烟叶样品

叶片正面　　　　　　　　　　叶片背面

把烟

第三章
## 烟叶外观质量评价

烟叶样品信息、存储保管、样品平衡、环境条件等如第二章中所示。按照
GB 2635—1992《烤烟》的相关技术要求并依据表3–1中的定量评价规则，从
颜色、成熟度、油分、叶片结构、身份以及色度六个维度对上述39个等级的
大理红大烟叶样品分别进行定量评价和定性评述。其中，烟叶外观质量检验定
量评价各单项指标以0.5分为最小计分单位，分值范围0分~10分，总分60分。

表3-1 烤烟烟叶外观质量检验定量评价表　　　　单位：分

| 评价因素 | 程度 | 分值 | 评价因素 | 程度 | 分值 |
|---|---|---|---|---|---|
| 颜色 | 柠檬黄 | 6~9 | 叶片结构 | 疏松 | 8~10 |
| | 橘黄 | 7~10 | | 尚疏松 | 5~8 |
| | 红棕 | 3~7 | | 稍密 | 3~5 |
| | 微带青 | 3~6 | | 紧密 | 0~3 |
| | 青黄 | 1~4 | 身份 | 中等 | 7~10 |
| | 杂色 | 0~3 | | 稍薄 | 4~7 |
| | 光滑 | 2~3 | | 稍厚 | 4~7 |
| 成熟度 | 完熟 | 6~9 | | 薄 | 0~4 |
| | 成熟 | 7~10 | | 厚 | 0~4 |
| | 尚熟 | 4~7 | 色度 | 浓 | 8~10 |
| | 欠熟 | 0~4 | | 强 | 6~8 |
| | 假熟 | 3~5 | | 中 | 4~6 |
| 油分 | 多 | 8~10 | | 弱 | 2~4 |
| | 有 | 5~8 | | 淡 | 0~2 |
| | 稍有 | 3~5 | | | |
| | 少 | 0~3 | | | |

表3-2、表3-3是大理红大烟叶样品外观质量定量与定性评价和结果汇总。

表3-2　大理红大烟叶样品外观质量定量与定性评价　　　　单位：分

| 1 | X1L | 颜色 | 成熟度 | 油分 | 叶片结构 | 身份 | 色度 |
|---|---|---|---|---|---|---|---|
| | | 柠檬黄 | 成熟 | 有 | 疏松 | 稍薄 | 强 |
| | | 8.5 | 9.0 | 7.5 | 9.0 | 7.0 | 7.5 |
| | | 烟叶着生位置为下二棚叶接近腰叶，颜色多为柠檬黄中的正黄，成熟好，结构疏松，叶片柔软，有油分，表观有油润感，身份稍薄，烟叶颜色均匀，较饱和，色度强 | | | | | |
| 2 | X2L | 颜色 | 成熟度 | 油分 | 叶片结构 | 身份 | 色度 |
| | | 柠檬黄 | 成熟 | 稍有 | 疏松 | 稍薄 | 中 |
| | | 7.5 | 8.5 | 5.0 | 8.5 | 6.0 | 5.0 |
| | | 烟叶着生位置为下二棚叶，颜色为柠檬黄中的正黄，少数为淡黄。成熟较好，结构疏松，叶片软，稍有油分，身份稍薄，颜色尚均匀，叶基与叶中有色差，色度中 | | | | | |
| 3 | X3L | 颜色 | 成熟度 | 油分 | 叶片结构 | 身份 | 色度 |
| | | 柠檬黄 | 成熟 | 稍有 | 疏松 | 稍薄 | 弱 |
| | | 6.5 | 7.5 | 4.0 | 8.0 | 5.0 | 4.0 |
| | | 烟叶着生位置为大脚叶和部分下二棚叶，颜色为柠檬黄中的正黄和淡黄，成熟较好，结构疏松，叶片稍软，稍有油分，表观尚有油润感，身份多为薄至稍薄，颜色稍不匀，饱和度差，色度弱 | | | | | |
| 4 | X4L | 颜色 | 成熟度 | 油分 | 叶片结构 | 身份 | 色度 |
| | | 柠檬黄 | 假熟 | 少 | 疏松 | 薄 | 弱 |
| | | 6.5 | 5.0 | 2.5 | 7.0 | 4.0 | 2.0 |
| | | 烟叶着生位置为脚叶，颜色为柠檬黄中的正黄，少数淡黄，假熟叶，结构疏松，部分略空松，叶片少油分，少数叶片稍有油分，身份多为薄至稍薄，颜色不匀，光泽淡，色度弱 | | | | | |
| 5 | X1F | 颜色 | 成熟度 | 油分 | 叶片结构 | 身份 | 色度 |
| | | 橘黄 | 成熟 | 有 | 疏松 | 稍薄 | 强 |
| | | 9.0 | 9.0 | 7.5 | 9.0 | 7.0 | 7.5 |
| | | 烟叶着生位置为下二棚叶接近腰叶，颜色为橘黄，多数为金黄，少数金黄偏深黄，成熟好，结构疏松，叶片柔软细致，有油分，表观有油润感，身份多为稍薄偏中等，颜色均匀，饱和度较好，色度强 | | | | | |

表3-2（续）

| 6 | X2F | 颜色 | 成熟度 | 油分 | 叶片结构 | 身份 | 色度 |
|---|---|---|---|---|---|---|---|
| | | 橘黄 | 成熟 | 稍有 | 疏松 | 稍薄 | 中 |
| | | 8.0 | 9.0 | 5.0 | 8.5 | 6.5 | 5.5 |
| | | \[4 cols\] 烟叶着生位置为下二棚叶，颜色多为橘黄中的金黄，成熟好，叶片结构疏松，叶片稍软，稍有油分，表观尚有油润感，身份稍薄，颜色尚均匀，饱和度一般，色度中 | | | | | |

| 7 | X3F | 颜色 | 成熟度 | 油分 | 叶片结构 | 身份 | 色度 |
|---|---|---|---|---|---|---|---|
| | | 橘黄 | 成熟 | 稍有 | 疏松 | 稍薄 | 中 |
| | | 7.5 | 9.0 | 4.0 | 7.0 | 6.0 | 4.5 |
| | | 烟叶着生位置多为脚叶偏上近下二棚叶或部分下二棚叶，颜色多为橘黄中的金黄，成熟好，叶片结构疏松，叶片稍软，稍有油分，表观尚有油润感，身份稍薄，颜色不匀，饱和度差，叶基部颜色稍淡，色度中 | | | | | |

| 8 | X4F | 颜色 | 成熟度 | 油分 | 叶片结构 | 身份 | 色度 |
|---|---|---|---|---|---|---|---|
| | | 橘黄 | 假熟 | 少 | 疏松 | 稍薄 | 弱 |
| | | 7.0 | 5.0 | 3.0 | 8.0 | 5.0 | 3.0 |
| | | 烟叶着生位置多为脚叶，颜色为橘黄中的金黄，多为成熟较好，结构疏松，多数叶片少油分，表观无油润感，少数叶片稍有油分，身份多为薄至稍薄，颜色稍不匀，饱和度差，色度弱 | | | | | |

| 9 | C1L | 颜色 | 成熟度 | 油分 | 叶片结构 | 身份 | 色度 |
|---|---|---|---|---|---|---|---|
| | | 柠檬黄 | 成熟 | 多 | 疏松 | 中等 | 浓 |
| | | 9.0 | 9.0 | 9.0 | 9.5 | 9.5 | 9.0 |
| | | 烟叶着生位置为腰叶中的正腰叶和上腰叶，颜色多为柠檬黄中的正黄上限，少量为柠檬黄和橘黄的界限色，成熟好，叶片结构疏松，身份中等，叶片柔软，多油分，表观有油润感，表面颜色均匀，饱和度好，光泽强，色度浓 | | | | | |

| 10 | C2L | 颜色 | 成熟度 | 油分 | 叶片结构 | 身份 | 色度 |
|---|---|---|---|---|---|---|---|
| | | 柠檬黄 | 成熟 | 多 | 疏松 | 中等 | 浓 |
| | | 9.0 | 9.0 | 9.0 | 9.5 | 9.5 | 9.0 |
| | | 烟叶着生位置多为正腰叶，颜色多为柠檬黄中的正黄，少数为正黄和金黄的界限色，成熟好，结构疏松，身份中等，叶片柔软，多油分，颜色均匀，饱和度略逊，光泽强，色度浓 | | | | | |

表3-2（续）

| 11 | C3L | 颜色 | 成熟度 | 油分 | 叶片结构 | 身份 | 色度 |
|---|---|---|---|---|---|---|---|
| | | 柠檬黄 | 成熟 | 有 | 疏松 | 稍薄 | 中 |
| | | 7.5 | 8.5 | 7.0 | 8.5 | 7.0 | 6.0 |
| | | 烟叶着生位置为腰叶，颜色为柠檬黄中正黄，成熟好，叶片结构疏松，身份多为稍薄，少量是中等身份，叶片柔软，有油分，表观有油润感，颜色尚均匀，饱和度一般，色度中 | | | | | |

| 12 | C4L | 颜色 | 成熟度 | 油分 | 叶片结构 | 身份 | 色度 |
|---|---|---|---|---|---|---|---|
| | | 柠檬黄 | 成熟 | 稍有 | 疏松 | 稍薄 | 中 |
| | | 6.5 | 8.0 | 4.5 | 8.5 | 6.0 | 5.0 |
| | | 烟叶着生位置为下腰叶或小棵烟的腰叶，颜色多为柠檬黄中正黄，少量淡黄，成熟较好，叶片结构疏松，身份稍薄，稍有油分，表观尚有油润感，叶片稍软，颜色尚均匀，基部或主脉两侧颜色稍淡，色度中 | | | | | |

| 13 | C1F | 颜色 | 成熟度 | 油分 | 叶片结构 | 身份 | 色度 |
|---|---|---|---|---|---|---|---|
| | | 橘黄 | 成熟 | 多 | 疏松 | 中等 | 浓 |
| | | 9.5 | 9.5 | 9.0 | 9.5 | 9.5 | 9.0 |
| | | 烟叶着生位置多为腰叶中的正腰叶和上腰叶，颜色多橘黄中的深黄，少数金黄，成熟好，结构疏松，身份中等，内含物质充实，表观油润、柔软，多油分，颜色均匀，饱和度好，光泽强，色度浓 | | | | | |

| 14 | C2F | 颜色 | 成熟度 | 油分 | 叶片结构 | 身份 | 色度 |
|---|---|---|---|---|---|---|---|
| | | 橘黄 | 成熟 | 有 | 疏松 | 中等 | 强 |
| | | 9.0 | 9.5 | 8.0 | 9.5 | 9.5 | 8.0 |
| | | 烟叶着生位置为腰叶中的正腰叶和上腰叶，颜色多为橘黄中的深黄，少数金黄，成熟好，有明显成熟颗粒，叶片结构疏松，身份中等，内含物质充实，叶片柔软，有油分，表观有油润感，颜色较均匀，饱和度较好，光泽较强，色度强 | | | | | |

| 15 | C3F | 颜色 | 成熟度 | 油分 | 叶片结构 | 身份 | 色度 |
|---|---|---|---|---|---|---|---|
| | | 橘黄 | 成熟 | 有 | 疏松 | 中等 | 中至强 |
| | | 8.5 | 9.0 | 7.5 | 9.0 | 8.5 | 7.0 |
| | | 烟叶着生位置多为正腰叶和下腰叶，颜色橘黄中的金黄，叶片成熟好，结构疏松，叶片柔软，有油分，表观有油润感，身份中等，颜色均匀，尚饱和，色度中至强 | | | | | |

表3-2（续）

| 16 | C4F | 颜色 | 成熟度 | 油分 | 叶片结构 | 身份 | 色度 |
|---|---|---|---|---|---|---|---|
| | | 橘黄 | 成熟 | 稍有 | 疏松 | 稍薄 | 中 |
| | | 8.5 | 9.0 | 5.0 | 8.5 | 7.0 | 6.0 |
| | | 烟叶着生位置多为下腰叶及小棵烟正腰叶，颜色多为橘黄中的金黄，叶片结构疏松，身份多为稍薄至中等，稍有油分，表观尚有油润感，手摸叶片欠柔软，颜色尚均匀，饱和度一般，叶基部或主脉两侧颜色稍淡，色度中 | | | | | |
| 17 | B1L | 颜色 | 成熟度 | 油分 | 叶片结构 | 身份 | 色度 |
| | | 柠檬黄 | 成熟 | 多 | 尚疏松 | 中等 | 浓 |
| | | 9.0 | 9.0 | 8.5 | 7.5 | 8.5 | 8.5 |
| | | 烟叶着生位置多为开片较大的上二棚叶，颜色多数为介于正黄与金黄的界限上，成熟好，叶片结构尚疏松，叶片柔软，多油分，表观油润，身份多为中等偏厚，内含物质充实，颜色均匀，饱和度较好，色度多为中 | | | | | |
| 18 | B2L | 颜色 | 成熟度 | 油分 | 叶片结构 | 身份 | 色度 |
| | | 柠檬黄 | 成熟 | 有 | 尚疏松 | 中等 | 强 |
| | | 8.5 | 9.0 | 7.5 | 6.5 | 8.0 | 7.0 |
| | | 烟叶着生位置为上二棚叶，颜色多为柠檬黄中正黄，成熟好，结构多为稍密，身份中等，叶片柔软，有油分，表观有油润感，颜色均匀，饱和度略逊，色度多为中 | | | | | |
| 19 | B3L | 颜色 | 成熟度 | 油分 | 叶片结构 | 身份 | 色度 |
| | | 柠檬黄 | 成熟 | 有 | 稍密 | 中等 | 中 |
| | | 8.0 | 8.0 | 6.0 | 5.0 | 7.5 | 5.0 |
| | | 烟叶着生位置多为大顶叶，颜色为柠檬黄中正黄，少数淡黄，叶片结构稍密，身份中等，叶片稍软，有油分，颜色尚均匀，饱和度一般，色度中 | | | | | |
| 20 | B4L | 颜色 | 成熟度 | 油分 | 叶片结构 | 身份 | 色度 |
| | | 柠檬黄 | 成熟 | 稍有 | 稍密 | 稍厚 | 弱 |
| | | 8.0 | 9.0 | 4.0 | 4.5 | 6.0 | 4.0 |
| | | 烟叶着生位置叶位多为小顶叶，颜色为柠檬黄中正黄，少数淡黄，结构多为稍密至紧密，身份多为稍厚，少数中等，叶片稍有油分，颜色不均匀，饱和度差，色度多为中 | | | | | |

表3-2（续）

| 21 | B1F | 颜色 | 成熟度 | 油分 | 叶片结构 | 身份 | 色度 |
|---|---|---|---|---|---|---|---|
| | | 橘黄 | 成熟 | 多 | 尚疏松 | 稍厚 | 浓 |
| | | 9.5 | 9.5 | 9.0 | 8.0 | 7.0 | 9.0 |
| | | ：烟叶着生位置为开片较大的上二棚叶，颜色多数为橘黄中的深黄，少数金黄，成熟好，成熟颗粒较多，叶片结构尚疏松，叶片柔软，多油分，表观有油润感，身份稍厚，颜色均匀，饱和度好，光泽强，色度多为中 | | | | | |

烟叶着生位置为开片较大的上二棚叶，颜色多数为橘黄中的深黄，少数金黄，成熟好，成熟颗粒较多，叶片结构尚疏松，叶片柔软，多油分，表观有油润感，身份稍厚，颜色均匀，饱和度好，光泽强，色度多为中

| 22 | B2F | 颜色 | 成熟度 | 油分 | 叶片结构 | 身份 | 色度 |
|---|---|---|---|---|---|---|---|
| | | 橘黄 | 成熟 | 有 | 尚疏松 | 稍厚 | 强 |
| | | 9.0 | 9.5 | 7.5 | 7.0 | 6.5 | 8.0 |

烟叶着生位置为上二棚叶，颜色多数为橘黄中的深黄，少数金黄，成熟好，叶片结构尚疏松，叶片软，有油分，表观有油润感，身份稍厚，颜色均匀，基本饱和，光泽较强，色度强

| 23 | B3F | 颜色 | 成熟度 | 油分 | 叶片结构 | 身份 | 色度 |
|---|---|---|---|---|---|---|---|
| | | 橘黄 | 成熟 | 有 | 稍密 | 稍厚 | 中 |
| | | 8.5 | 9.0 | 6.5 | 5.0 | 6.5 | 6.0 |

烟叶着生位置多为大顶叶，颜色多数为橘黄中的深黄，少数金黄，成熟好，叶片结构多稍密，有紧实感，少数为尚疏松，叶片有油分，表观有油润感，身份稍厚，颜色均匀、饱和度略逊，色度中

| 24 | B4F | 颜色 | 成熟度 | 油分 | 叶片结构 | 身份 | 色度 |
|---|---|---|---|---|---|---|---|
| | | 橘黄 | 成熟 | 稍有 | 稍密 | 稍厚 | 弱 |
| | | 8.0 | 8.5 | 4.5 | 4.0 | 5.0 | 4.0 |

烟叶着生位置多为小顶叶，颜色多数为橘黄中的深黄，少数金黄，成熟好，叶片结构稍密，紧实感稍强，叶片稍有油分，身份多稍厚，少数厚，颜色稍不匀，饱和度稍差，色度弱

| 25 | H1F | 颜色 | 成熟度 | 油分 | 叶片结构 | 身份 | 色度 |
|---|---|---|---|---|---|---|---|
| | | 橘黄 | 完熟 | 稍有 | 疏松 | 中等 | 强 |
| | | 9.0 | 8.5 | 5.0 | 8.5 | 8.5 | 8.0 |

烟叶着生位置为上二棚叶，颜色多为橘黄中的深黄，完熟，病斑和焦边、焦尖明显，叶片结构疏松，颗粒感强，稍有油分，表观有油润感，柔软性差，身份中等，颜色均匀，饱和度略逊，色度强

表3-2（续）

| 26 | H2F | 颜色 | 成熟度 | 油分 | 叶片结构 | 身份 | 色度 |
|---|---|---|---|---|---|---|---|
| | | 橘黄 | 完熟 | 稍有 | 疏松 | 中等 | 中 |
| | | 8.0 | 8.5 | 4.0 | 8.0 | 8.0 | 6.0 |

烟叶着生位置为多为顶叶，颜色多为橘黄中的深黄，部分为红棕，完熟，病斑和焦边、焦尖明显，叶片结构疏松，颗粒感强，稍有油分，表观有油润感，柔软性差，身份中等，颜色尚均匀，饱和度一般，色度中

| 27 | X2V | 颜色 | 成熟度 | 油分 | 叶片结构 | 身份 | 色度 |
|---|---|---|---|---|---|---|---|
| | | 微带青 | 尚熟 | 稍有 | 疏松 | 稍薄至中等 | 中 |
| | | 6.0 | 7.0 | 5.0 | 8.5 | 7.0 | 6.0 |

烟叶着生位置多为下二棚叶，少部分为腰叶，尚熟，支脉带青或叶片含微浮青面积在10%以内，叶片结构疏松，身份稍薄至中等，叶片稍软，稍有油分，表观有油润感，颜色尚均匀，饱和度略逊，色度中

| 28 | C3V | 颜色 | 成熟度 | 油分 | 叶片结构 | 身份 | 色度 |
|---|---|---|---|---|---|---|---|
| | | 微带青 | 尚熟 | 有 | 疏松 | 中等 | 强 |
| | | 6.0 | 7.0 | 8.0 | 9.0 | 8.5 | 7.5 |

烟叶着生位置为腰叶，尚熟，支脉带青或叶片含微浮青面积在10%以内，其余品质因素相当于中部橘黄三级及以上质量水平，叶片结构疏松，身份中等，叶片柔软，有油分，表观有油润感，颜色均匀，饱和度略逊，色度强

| 29 | B2V | 颜色 | 成熟度 | 油分 | 叶片结构 | 身份 | 色度 |
|---|---|---|---|---|---|---|---|
| | | 微带青 | 尚熟 | 有 | 尚疏松 | 稍厚 | 强 |
| | | 6.0 | 7.0 | 7.5 | 6.5 | 6.5 | 7.5 |

烟叶着生位置为上二棚叶，尚熟，支脉带青或叶片含微浮青面积在10%以内，其余品质因素相当于上部二级及以上质量水平，结构多为稍密，身份稍厚，叶片柔软，有油分，表观有油润感，颜色均匀，饱和度略逊，色度强

表3-2（续）

| 30 | B3V | 颜色 | 成熟度 | 油分 | 叶片结构 | 身份 | 色度 |
|---|---|---|---|---|---|---|---|
| | | 微带青 | 尚熟 | 稍有 | 稍密 | 稍厚 | 中 |
| | | 5.0 | 5.0 | 5.0 | 4.5 | 6.0 | 5.5 |
| | | 烟叶着生位置多为顶叶，少数为上二棚叶，支脉带青或叶片含微浮青面积在10%以内，其余品质因素相当于上部三级质量水平，尚熟，结构稍密，身份稍厚，叶片稍软，稍有油分，表观有油润感，颜色尚均匀，饱和度一般，色度中 ||||||

| 31 | S1 | 颜色 | 成熟度 | 油分 | 叶片结构 | 身份 | 色度 |
|---|---|---|---|---|---|---|---|
| | | 光滑 | 欠熟 | 有 | 紧密 | 稍薄、稍厚 | 弱 |
| | | 3.0 | 4.0 | 5.0 | 3.0 | 5.0 | 4.0 |
| | | 烟叶着生位置为下二棚叶、腰叶及上二棚叶，欠熟，叶片上平滑或僵硬面积超20%，叶片结构紧密，身份稍薄或稍厚，叶片柔软，有油分，叶片表面多呈柠檬黄，色度弱 ||||||

| 32 | S2 | 颜色 | 成熟度 | 油分 | 叶片结构 | 身份 | 色度 |
|---|---|---|---|---|---|---|---|
| | | 光滑 | 欠熟 | 少 | 紧密 | 稍薄 | 弱 |
| | | 2.5 | 3.0 | 3.0 | 2.0 | 4.0 | 3.0 |
| | | 烟叶着生位置多为脚叶和顶叶，欠熟，叶片上平滑或僵硬面积超20%，少量褐色烟叶，叶片结构紧密，叶片硬脆感明显，少油分，叶片表面多呈柠檬黄，色度弱 ||||||

| 33 | CX1K | 颜色 | 成熟度 | 油分 | 叶片结构 | 身份 | 色度 |
|---|---|---|---|---|---|---|---|
| | | 杂色 | 尚熟 | 有 | 疏松 | 中等 | 中 |
| | | 3.0 | 6.5 | 6.5 | 8.0 | 8.5 | 5.0 |
| | | 烟叶着生位置为下二棚和腰叶，叶面底色多橘黄，少数柠檬黄，杂色面积在20%~30%之间，尚熟，叶片结构疏松，叶片柔软，有油分，表观有油润感，身份多为稍薄至中等，色度中 ||||||

| 34 | CX2K | 颜色 | 成熟度 | 油分 | 叶片结构 | 身份 | 色度 |
|---|---|---|---|---|---|---|---|
| | | 杂色 | 欠熟 | 少至稍有 | 尚疏松 | 稍薄 | 弱 |
| | | 2.0 | 3.5 | 4.0 | 6.5 | 4.5 | 3.0 |
| | | 烟叶着生位置多为脚叶和下二棚叶，颜色底色多橘黄，少数柠檬黄，杂色面积超过30%，欠熟，结构尚疏松，少油分至稍有油分，身份稍薄，色度弱 ||||||

表3-2（续）

| 35 | B1K | 颜色 | 成熟度 | 油分 | 叶片结构 | 身份 | 色度 |
|---|---|---|---|---|---|---|---|
| | | 杂色 | 尚熟 | 有 | 尚疏松 | 稍厚 | 中 |
| | | 3.0 | 7.0 | 7.5 | 6.0 | 7.0 | 5.0 |
| | | 烟叶着生位置为上二棚叶，颜色底色多数深黄，少数金黄。杂色面积在20%~30%之间，尚熟，结构多为稍密，叶片稍软，有油分，表观有油润感，身份多为中等至稍厚，色度中 | | | | | |
| 36 | B2K | 颜色 | 成熟度 | 油分 | 叶片结构 | 身份 | 色度 |
| | | 杂色 | 欠熟 | 稍有 | 稍密 | 稍厚 | 弱 |
| | | 2.0 | 4.0 | 5.0 | 4.0 | 6.0 | 3.5 |
| | | 烟叶着生位置多为大顶叶，少数上二棚叶，颜色底色多数深黄，少数金黄，杂色面积在30%~40%之间，欠熟，叶片结构多为稍密至紧密，稍有油分，表观有油润感，身份多为稍厚至厚，色度弱 | | | | | |
| 37 | B3K | 颜色 | 成熟度 | 油分 | 叶片结构 | 身份 | 色度 |
| | | 杂色 | 欠熟 | 少至稍有 | 稍密 | 稍厚 | 弱 |
| | | 2.0 | 3.0 | 3.0 | 3.5 | 5.0 | 3.0 |
| | | 烟叶着生位置多为小顶叶，颜色底色多数深黄，少数金黄，杂色面积超过40%，欠熟，叶片结构紧实感强，少油分至稍有油分，表观部分有油润感，身份多为稍厚至厚，色度弱 | | | | | |
| 38 | GY1 | 颜色 | 成熟度 | 油分 | 叶片结构 | 身份 | 色度 |
| | | 青黄 | 尚熟 | 有 | 尚疏松 | 中等 | 强 |
| | | 4.0 | 6.0 | 6.5 | 7.0 | 7.0 | 7.0 |
| | | 烟叶着生位置为腰叶和上二棚叶、下二棚叶，颜色底色多数橘黄，少数柠檬黄，烟叶含青不超二成，尚熟，结构多为尚疏松至疏松，叶片柔软，有油分，表观有油润感，身份稍厚、稍薄至中等，色度强 | | | | | |
| 39 | GY2 | 颜色 | 成熟度 | 油分 | 叶片结构 | 身份 | 色度 |
| | | 青黄 | 欠熟 | 稍有 | 尚疏松 | 稍薄 | 弱 |
| | | 2.0 | 2.0 | 3.0 | 5.0 | 4.0 | 2.0 |
| | | 烟叶着生位置为各部位烟叶，烟叶底色多数橘黄，少数柠檬黄，叶片含青不超过三成，欠熟，结构多为稍密至紧密，叶片稍软，稍有油分，身份稍厚、稍薄至中等，色度弱 | | | | | |

表3-3　结果汇总　　　　　　　　　　　单位：分

| 统计值 | 颜色 | 成熟度 | 油分 | 叶片结构 | 身份 | 色度 |
|--------|------|--------|------|----------|------|------|
| 最大值 | 9.5 | 9.5 | 9.0 | 9.5 | 9.5 | 9.0 |
| 最小值 | 2.0 | 2.0 | 2.5 | 2.0 | 4.0 | 2.0 |
| 平均值 | 6.8 | 7.4 | 5.9 | 7.1 | 6.8 | 5.8 |

　　从39个大理红大等级烟叶样品的外观质量定量和定性评价结果来看，该产区的中上等烟叶具有基本色彩纯正，橘黄色多属橘黄色浅色色域，柠檬黄多属正黄色域，成熟度较高，中下部烟叶叶面组织细腻，上部叶成熟颗粒感较多，叶片结构尚疏松至疏松；叶片基部、中部、叶尖身份差较小，烟叶内含物质丰富，身份较好，厚薄适中，少部分相对部位稍偏薄；油分好，叶面油润感较强，烟叶颜色饱和度、均匀度较好，光泽强等特点。综上，全部39个等级烟叶样品的颜色处于柠檬黄至橘黄区间，成熟度为假熟至完熟，油分为少至多，叶片结构为紧密至疏松，身份为薄、厚至中等，色度为淡至浓的范围。

第四章
烟叶主要物理特性

烟叶的物理特性是指烟叶自身具有且影响其物理质量及加工性能的一些特性指标，主要包括烟叶大小、质量、厚度、密度、水分、含梗率、颜色、燃烧性、抗张强度、填充性能等。这些特性指标通常与烟叶的外观等级、内在化学成分、耐加工性、内在感官质量，特别是烟叶的外观等级关系密切，是构成烟叶品质的重要因素。研究烟叶物理特性对烟叶质量的科学分级、指导烟叶收购和复烤加工、合理利用烟叶资源、优化卷烟配方及提高卷烟开发质量具有重要意义。

近年来，中国烟草总公司西南烟叶样品中心先行启动了中国西南烟区烟叶原料特性研究与数字化研发工作，但在进行烟叶物理特性研究与质量评价过程中，发现烟叶样品的物理特性检测与质量评价目前并无系统、完整的检测标准和技术方法可以参考。如，现有一些物理特性检测方法是由其他（如造纸、印刷等）行业方法引用，但没有进行过科学验证，实践证明并不适用于烟草原料的物理特性检测与质量控制；还有部分检测方法，在烟草行业内各实验室之间具体采用的技术和方法不统一，导致检测结果无法进行比对和应用；更有甚者，在表征烟叶原料一些重要物理特性或特征指标方面，国内目前还缺乏相应的质量检测与评价方法。为此，西南烟叶样品中心集中了相关技术力量，就上述一些问题进行了深入的研究与系统的技术开发工作，在全面梳理、厘清烟叶特性及主要特征指标并逐一探寻其对应的检测与评价方法的基础上，严格按照方法拟定、试验验证、方法修订、方法建立、样品检验的科学程序，对烟叶样品的检测和质量评价方法进行系统的二次开发，并建立了一套系统、完整且经过科学验证的烟叶原料物理特性检测与外观、内在品质评价技术标准。其中，所开发的物理特性检测方法涵盖烟叶的长度、宽度、开片度、叶尖夹角、单叶质量、厚度、定量、叶面密度、松厚度、含梗率、颜色值、拉力及抗张强度、烟丝填充值、平衡含水率、热水可溶物、卷烟自由燃烧速度[1]等。以下是本项研究所用到的烟叶主要物理特性检测方法：

（1）Q/YNZY(YY).J07.002—2022　烟叶样品　调节和测试的大气环境；

---

[1] 为方便使用，统计表格中燃烧速度简称燃速。

（2）Q/YNZY(YY).J07.201—2022　烟叶样品　颜色值的测定　色差仪检测法；

（3）Q/YNZY(YY).J07.202—2022　烟叶样品　平衡含水率的测定　烘箱法；

（4）Q/YNZY(YY).J07.204—2022　烟叶样品　长度的测定；

（5）Q/YNZY(YY).J07.205—2022　烟叶样品　宽度与开片度的测定；

（6）Q/YNZY(YY).J07.206—2022　烟叶样品　叶尖夹角的测定；

（7）Q/YNZY(YY).J07.207—2022　烟叶样品　单叶质量的测定；

（8）Q/YNZY(YY).J07.208—2022　烟叶样品　叶片厚度的测定；

（9）Q/YNZY(YY).J07.209—2022　烟叶样品　定量、叶面密度与松厚度的测定；

（10）Q/YNZY(YY).J07.210—2022　烟叶样品　含梗率的测定；

（11）Q/YNZY(YY).J07.213—2022　烟叶样品　卷烟自由燃烧速度的测定；

（12）Q/YNZY(YY).J07.214—2022　烟叶样品　热水可溶物的测定。

烟叶样品信息、存储保管、样品解冻使用等如第二章中所示。再按Q/YNZY(YY).J07.002—2022中大气环境Ⅱ的要求，在相对湿度（60.0±3.0）%、温度（22.0±1.0）℃条件下平衡48h。具体检测时，以有效利用并充分节约烟叶样品资源为前提，按无损检测在前、有损检测在后的原则，依次对烟叶样品进行相应的物理特性指标检测。表4-1是大理红大各等级烟叶样品主要物理特性指标检测结果汇总，表4-2是大理红大烟叶样品主要物理特性指标检测结果的统计值。

表4-1　大理红大烟叶样品主要物理特性指标检测结果汇总

| 1 | X1L | 叶长/cm | 叶宽/cm | 开片度/% | 叶尖夹角/(°) | 单叶质量/g |
|---|---|---|---|---|---|---|
| | | 67.4 | 29.9 | 44.4 | 65.9 | 13.7 |
| | | 厚度/mm | 定量/(g/m²) | 密度/(g/m³) | 含梗率/% | 平衡含水率/% |
| | | 0.085 | 82.2 | 1.14 | 28.1 | 13.9 |
| | | 颜色值$L$ | 颜色值$a$ | 颜色值$b$ | 燃速/(mm/min) | 热水可溶物/% |
| | | 65.8 | 15.4 | 87.0 | 2.82 | 66.7 |
| 2 | X2L | 叶长/cm | 叶宽/cm | 开片度/% | 叶尖夹角/(°) | 单叶质量/g |
| | | 61.3 | 26.2 | 42.7 | 67.5 | 9.2 |
| | | 厚度/mm | 定量/(g/m²) | 密度/(g/m³) | 含梗率/% | 平衡含水率/% |
| | | 0.080 | 66.7 | 0.83 | 28.3 | 13.6 |
| | | 颜色值$L$ | 颜色值$a$ | 颜色值$b$ | 燃速/(mm/min) | 热水可溶物/% |
| | | 66.0 | 13.8 | 76.7 | 2.82 | 66.4 |
| 3 | X3L | 叶长/cm | 叶宽/cm | 开片度/% | 叶尖夹角/(°) | 单叶质量/g |
| | | 47.7 | 19.6 | 41.2 | 68.2 | 5.6 |
| | | 厚度/mm | 定量/(g/m²) | 密度/(g/m³) | 含梗率/% | 平衡含水率/% |
| | | 0.080 | 69.0 | 0.89 | 23.0 | 13.5 |
| | | 颜色值$L$ | 颜色值$a$ | 颜色值$b$ | 燃速/(mm/min) | 热水可溶物/% |
| | | 65.1 | 13.6 | 75.6 | 2.86 | 66.3 |
| 4 | X4L | 叶长/cm | 叶宽/cm | 开片度/% | 叶尖夹角/(°) | 单叶质量/g |
| | | 37.0 | 14.4 | 39.1 | 63.4 | 3.0 |
| | | 厚度/mm | 定量/(g/m²) | 密度/(g/m³) | 含梗率/% | 平衡含水率/% |
| | | 0.087 | 81.0 | 1.01 | 25.7 | 13.4 |
| | | 颜色值$L$ | 颜色值$a$ | 颜色值$b$ | 燃速/(mm/min) | 热水可溶物/% |
| | | 64.4 | 12.7 | 69.8 | 2.85 | 65.5 |

表4-1（续）

| 5 | X1F | 叶长/cm | 叶宽/cm | 开片度/% | 叶尖夹角/（°） | 单叶质量/g |
|---|---|---|---|---|---|---|
| | | 64.7 | 29.4 | 45.5 | 68.4 | 11.9 |
| | | 厚度/mm | 定量/(g/m²) | 密度/(g/m³) | 含梗率/% | 平衡含水率/% |
| | | 0.057 | 70.6 | 1.44 | 29.0 | 13.5 |
| | | 颜色值L | 颜色值a | 颜色值b | 燃速/(mm/min) | 热水可溶物/% |
| | | 60.3 | 20.7 | 105.1 | 2.72 | 66.6 |
| 6 | X2F | 叶长/cm | 叶宽/cm | 开片度/% | 叶尖夹角/（°） | 单叶质量/g |
| | | 61.5 | 27.0 | 44.0 | 68.3 | 10.9 |
| | | 厚度/mm | 定量/(g/m²) | 密度/(g/m³) | 含梗率/% | 平衡含水率/% |
| | | 0.090 | 72.3 | 0.81 | 27.4 | 13.5 |
| | | 颜色值L | 颜色值a | 颜色值b | 燃速/(mm/min) | 热水可溶物/% |
| | | 62.7 | 17.8 | 88.7 | 3.05 | 66.6 |
| 7 | X3F | 叶长/cm | 叶宽/cm | 开片度/% | 叶尖夹角/（°） | 单叶质量/g |
| | | 49.4 | 20.3 | 41.1 | 71.8 | 6.5 |
| | | 厚度/mm | 定量/(g/m²) | 密度/(g/m³) | 含梗率/% | 平衡含水率/% |
| | | 0.089 | 71.1 | 0.80 | 26.0 | 13.3 |
| | | 颜色值L | 颜色值a | 颜色值b | 燃速/(mm/min) | 热水可溶物/% |
| | | 61.0 | 18.5 | 87.3 | 2.79 | 65.7 |
| 8 | X4F | 叶长/cm | 叶宽/cm | 开片度/% | 叶尖夹角/（°） | 单叶质量/g |
| | | 37.3 | 15.4 | 41.3 | 71.3 | 3.3 |
| | | 厚度/mm | 定量/(g/m²) | 密度/(g/m³) | 含梗率/% | 平衡含水率/% |
| | | 0.092 | 61.7 | 0.70 | 24.8 | 12.4 |
| | | 颜色值L | 颜色值a | 颜色值b | 燃速/(mm/min) | 热水可溶物/% |
| | | 58.0 | 19.8 | 89.6 | 2.82 | 56.3 |

表4-1（续）

| 9 | C1L | 叶长/cm | 叶宽/cm | 开片度/% | 叶尖夹角/（°） | 单叶质量/g |
|---|---|---|---|---|---|---|
| | | 78.4 | 28.1 | 35.9 | 60.2 | 21.4 |
| | | 厚度/mm | 定量/(g/m²) | 密度/(g/m³) | 含梗率/% | 平衡含水率/% |
| | | 0.134 | 100.3 | 0.87 | 28.1 | 13.7 |
| | | 颜色值$L$ | 颜色值$a$ | 颜色值$b$ | 燃速/(mm/min) | 热水可溶物/% |
| | | 59.3 | 21.6 | 103.6 | 2.73 | 64.8 |
| 10 | C2L | 叶长/cm | 叶宽/cm | 开片度/% | 叶尖夹角/（°） | 单叶质量/g |
| | | 74.0 | 27.3 | 36.9 | 60.9 | 17.7 |
| | | 厚度/mm | 定量/(g/m²) | 密度/(g/m³) | 含梗率/% | 平衡含水率/% |
| | | 0.094 | 100.0 | 1.10 | 26.5 | 13.5 |
| | | 颜色值$L$ | 颜色值$a$ | 颜色值$b$ | 燃速/(mm/min) | 热水可溶物/% |
| | | 59.6 | 19.9 | 91.9 | 2.42 | 65.3 |
| 11 | C3L | 叶长/cm | 叶宽/cm | 开片度/% | 叶尖夹角/（°） | 单叶质量/g |
| | | 70.5 | 24.9 | 35.2 | 58.4 | 12.0 |
| | | 厚度/mm | 定量/(g/m²) | 密度/(g/m³) | 含梗率/% | 平衡含水率/% |
| | | 0.088 | 76.1 | 0.87 | 30.7 | 13.4 |
| | | 颜色值$L$ | 颜色值$a$ | 颜色值$b$ | 燃速/(mm/min) | 热水可溶物/% |
| | | 64.4 | 15.2 | 80.2 | 2.95 | 65.2 |
| 12 | C4L | 叶长/cm | 叶宽/cm | 开片度/% | 叶尖夹角/（°） | 单叶质量/g |
| | | 62.6 | 21.5 | 34.4 | 55.2 | 7.3 |
| | | 厚度/mm | 定量/(g/m²) | 密度/(g/m³) | 含梗率/% | 平衡含水率/% |
| | | 0.060 | 58.5 | 1.03 | 33.3 | 13.5 |
| | | 颜色值$L$ | 颜色值$a$ | 颜色值$b$ | 燃速/(mm/min) | 热水可溶物/% |
| | | 63.6 | 14.8 | 80.4 | 2.73 | 64.9 |

表4-1（续）

| 13 | C1F | 叶长/cm | 叶宽/cm | 开片度/% | 叶尖夹角/（°） | 单叶质量/g |
|---|---|---|---|---|---|---|
| | | 80.4 | 26.5 | 33.0 | 57.9 | 22.5 |
| | | 厚度/mm | 定量/(g/m²) | 密度/(g/m³) | 含梗率/% | 平衡含水率/% |
| | | 0.144 | 111.2 | 0.79 | 26.9 | 14.2 |
| | | 颜色值L | 颜色值a | 颜色值b | 燃速/(mm/min) | 热水可溶物/% |
| | | 55.0 | 28.0 | 148.8 | 2.62 | 64.2 |
| 14 | C2F | 叶长/cm | 叶宽/cm | 开片度/% | 叶尖夹角/（°） | 单叶质量/g |
| | | 79.9 | 27.7 | 34.7 | 60.3 | 19.8 |
| | | 厚度/mm | 定量/(g/m²) | 密度/(g/m³) | 含梗率/% | 平衡含水率/% |
| | | 0.124 | 98.7 | 0.81 | 30.4 | 13.5 |
| | | 颜色值L | 颜色值a | 颜色值b | 燃速/(mm/min) | 热水可溶物/% |
| | | 54.7 | 27.9 | 142.0 | 2.56 | 63.0 |
| 15 | C3F | 叶长/cm | 叶宽/cm | 开片度/% | 叶尖夹角/（°） | 单叶质量/g |
| | | 72.3 | 23.9 | 33.1 | 63.5 | 14.3 |
| | | 厚度/mm | 定量/(g/m²) | 密度/(g/m³) | 含梗率/% | 平衡含水率/% |
| | | 0.149 | 85.2 | 0.62 | 35.4 | 13.9 |
| | | 颜色值L | 颜色值a | 颜色值b | 燃速/(mm/min) | 热水可溶物/% |
| | | 59.8 | 25.8 | 133.0 | 2.88 | 63.7 |
| 16 | C4F | 叶长/cm | 叶宽/cm | 开片度/% | 叶尖夹角/（°） | 单叶质量/g |
| | | 60.9 | 22.2 | 36.5 | 65.8 | 9.4 |
| | | 厚度/mm | 定量/(g/m²) | 密度/(g/m³) | 含梗率/% | 平衡含水率/% |
| | | 0.137 | 78.8 | 0.59 | 33.7 | 13.1 |
| | | 颜色值L | 颜色值a | 颜色值b | 燃速/(mm/min) | 热水可溶物/% |
| | | 57.9 | 26.2 | 138.5 | 2.78 | 60.1 |

表4-1（续）

| 17 | B1L | 叶长/cm | 叶宽/cm | 开片度/% | 叶尖夹角/（°） | 单叶质量/g |
|---|---|---|---|---|---|---|
| | | 74.9 | 25.5 | 34.0 | 58.8 | 22.3 |
| | | 厚度/mm | 定量/(g/m²) | 密度/(g/m³) | 含梗率/% | 平衡含水率/% |
| | | 0.136 | 90.2 | 0.68 | 23.2 | 13.8 |
| | | 颜色值L | 颜色值a | 颜色值b | 燃速/(mm/min) | 热水可溶物/% |
| | | 59.2 | 21.6 | 104.8 | 2.67 | 64.9 |
| 18 | B2L | 叶长/cm | 叶宽/cm | 开片度/% | 叶尖夹角/（°） | 单叶质量/g |
| | | 71.2 | 23.1 | 32.7 | 58.4 | 14.0 |
| | | 厚度/mm | 定量/(g/m²) | 密度/(g/m³) | 含梗率/% | 平衡含水率/% |
| | | 0.103 | 101.6 | 1.01 | 25.7 | 13.3 |
| | | 颜色值L | 颜色值a | 颜色值b | 燃速/(mm/min) | 热水可溶物/% |
| | | 58.1 | 19.7 | 93.1 | 2.11 | 64.3 |
| 19 | B3L | 叶长/cm | 叶宽/cm | 开片度/% | 叶尖夹角/（°） | 单叶质量/g |
| | | 56.0 | 15.6 | 27.8 | 54.7 | 7.0 |
| | | 厚度/mm | 定量/(g/m²) | 密度/(g/m³) | 含梗率/% | 平衡含水率/% |
| | | 0.095 | 93.6 | 1.00 | 26.3 | 13.2 |
| | | 颜色值L | 颜色值a | 颜色值b | 燃速/(mm/min) | 热水可溶物/% |
| | | 60.6 | 17.6 | 85.9 | 2.72 | 64.6 |
| 20 | B4L | 叶长/cm | 叶宽/cm | 开片度/% | 叶尖夹角/（°） | 单叶质量/g |
| | | 41.6 | 11.0 | 26.6 | 52.5 | 3.5 |
| | | 厚度/mm | 定量/(g/m²) | 密度/(g/m³) | 含梗率/% | 平衡含水率/% |
| | | 0.094 | 90.8 | 0.98 | 26.0 | 12.2 |
| | | 颜色值L | 颜色值a | 颜色值b | 燃速/(mm/min) | 热水可溶物/% |
| | | 60.8 | 14.8 | 78.7 | 3.30 | 61.6 |

表4-1（续）

| 21 | B1F | 叶长/cm | 叶宽/cm | 开片度/% | 叶尖夹角/（°） | 单叶质量/g |
|---|---|---|---|---|---|---|
| | | 80.0 | 24.4 | 30.7 | 58.4 | 21.0 |
| | | 厚度/mm | 定量/(g/m²) | 密度/(g/m³) | 含梗率/% | 平衡含水率/% |
| | | 0.146 | 116.5 | 0.80 | 27.5 | 14.0 |
| | | 颜色值L | 颜色值a | 颜色值b | 燃速/(mm/min) | 热水可溶物/% |
| | | 53.4 | 30.1 | 158.0 | 2.54 | 64.3 |
| 22 | B2F | 叶长/cm | 叶宽/cm | 开片度/% | 叶尖夹角/（°） | 单叶质量/g |
| | | 70.1 | 21.4 | 30.6 | 57.8 | 15.9 |
| | | 厚度/mm | 定量/(g/m²) | 密度/(g/m³) | 含梗率/% | 平衡含水率/% |
| | | 0.150 | 105.1 | 0.71 | 29.2 | 12.9 |
| | | 颜色值L | 颜色值a | 颜色值b | 燃速/(mm/min) | 热水可溶物/% |
| | | 55.1 | 27.7 | 143.1 | 2.69 | 60.4 |
| 23 | B3F | 叶长/cm | 叶宽/cm | 开片度/% | 叶尖夹角/（°） | 单叶质量/g |
| | | 57.4 | 15.3 | 26.9 | 55.7 | 8.7 |
| | | 厚度/mm | 定量/(g/m²) | 密度/(g/m³) | 含梗率/% | 平衡含水率/% |
| | | 0.139 | 106.5 | 0.78 | 29.2 | 12.7 |
| | | 颜色值L | 颜色值a | 颜色值b | 燃速/(mm/min) | 热水可溶物/% |
| | | 52.5 | 30.5 | 167.7 | 3.00 | 58.9 |
| 24 | B4F | 叶长/cm | 叶宽/cm | 开片度/% | 叶尖夹角/（°） | 单叶质量/g |
| | | 43.0 | 11.8 | 27.6 | 54.0 | 4.9 |
| | | 厚度/mm | 定量/(g/m²) | 密度/(g/m³) | 含梗率/% | 平衡含水率/% |
| | | 0.145 | 113.6 | 0.80 | 25.7 | 12.6 |
| | | 颜色值L | 颜色值a | 颜色值b | 燃速/(mm/min) | 热水可溶物/% |
| | | 53.0 | 26.1 | 135.1 | 2.76 | 59.6 |

表4-1（续）

| 25 | H1F | 叶长/cm | 叶宽/cm | 开片度/% | 叶尖夹角/（°） | 单叶质量/g |
|---|---|---|---|---|---|---|
| | | 63.6 | 18.8 | 29.5 | 57.2 | 11.4 |
| | | 厚度/mm | 定量/(g/m²) | 密度/(g/m³) | 含梗率/% | 平衡含水率/% |
| | | 0.169 | 101.9 | 0.60 | 33.4 | 12.1 |
| | | 颜色值L | 颜色值a | 颜色值b | 燃速/(mm/min) | 热水可溶物/% |
| | | 46.4 | 33.3 | 182.7 | 2.81 | 56.7 |
| 26 | H2F | 叶长/cm | 叶宽/cm | 开片度/% | 叶尖夹角/（°） | 单叶质量/g |
| | | 57.4 | 15.5 | 27.0 | 60.1 | 8.7 |
| | | 厚度/mm | 定量/(g/m²) | 密度/(g/m³) | 含梗率/% | 平衡含水率/% |
| | | 0.173 | 108.3 | 0.63 | 31.2 | 12.0 |
| | | 颜色值L | 颜色值a | 颜色值b | 燃速/(mm/min) | 热水可溶物/% |
| | | 43.4 | 32.2 | 170.6 | 2.87 | 57.5 |
| 27 | X2V | 叶长/cm | 叶宽/cm | 开片度/% | 叶尖夹角/（°） | 单叶质量/g |
| | | 61.9 | 28.9 | 47.1 | 73.0 | 12.6 |
| | | 厚度/mm | 定量/(g/m²) | 密度/(g/m³) | 含梗率/% | 平衡含水率/% |
| | | 0.083 | 78.4 | 0.96 | 28.7 | 13.4 |
| | | 颜色值L | 颜色值a | 颜色值b | 燃速/(mm/min) | 热水可溶物/% |
| | | 61.9 | 17.4 | 86.0 | 2.45 | 65.8 |
| 28 | C3V | 叶长/cm | 叶宽/cm | 开片度/% | 叶尖夹角/（°） | 单叶质量/g |
| | | 79.4 | 27.2 | 34.3 | 58.6 | 19.22 |
| | | 厚度/mm | 定量/(g/m²) | 密度/(g/m³) | 含梗率/% | 平衡含水率/% |
| | | 0.114 | 90.9 | 0.82 | 33.4 | 13.8 |
| | | 颜色值L | 颜色值a | 颜色值b | 燃速/(mm/min) | 热水可溶物/% |
| | | 57.9 | 25.2 | 129.3 | 2.82 | 66.0 |

表4-1（续）

| 29 | B2V | 叶长/cm | 叶宽/cm | 开片度/% | 叶尖夹角/（°） | 单叶质量/g |
|---|---|---|---|---|---|---|
| | | 77.8 | 22.4 | 28.8 | 58.9 | 19.6 |
| | | 厚度/mm | 定量/(g/m²) | 密度/(g/m³) | 含梗率/% | 平衡含水率/% |
| | | 0.136 | 102.4 | 0.76 | 31.4 | 13.6 |
| | | 颜色值L | 颜色值a | 颜色值b | 燃速/(mm/min) | 热水可溶物/% |
| | | 54.9 | 27.9 | 145.4 | 2.83 | 62.6 |
| 30 | B3V | 叶长/cm | 叶宽/cm | 开片度/% | 叶尖夹角/（°） | 单叶质量/g |
| | | 51.8 | 14.0 | 27.2 | 49.7 | 8.4 |
| | | 厚度/mm | 定量/(g/m²) | 密度/(g/m³) | 含梗率/% | 平衡含水率/% |
| | | 0.147 | 118.5 | 0.83 | 27.6 | 12.7 |
| | | 颜色值L | 颜色值a | 颜色值b | 燃速/(mm/min) | 热水可溶物/% |
| | | 52.4 | 27.6 | 140.9 | 2.38 | 59.1 |
| 31 | S1 | 叶长/cm | 叶宽/cm | 开片度/% | 叶尖夹角/（°） | 单叶质量/g |
| | | 64.7 | 22.7 | 34.9 | 59.2 | 11.6 |
| | | 厚度/mm | 定量/(g/m²) | 密度/(g/m³) | 含梗率/% | 平衡含水率/% |
| | | 0.166 | 90.9 | 0.78 | 29.3 | 12.5 |
| | | 颜色值L | 颜色值a | 颜色值b | 燃速/(mm/min) | 热水可溶物/% |
| | | 63.1 | 15.3 | 76.2 | 2.71 | 62.8 |
| 32 | S2 | 叶长/cm | 叶宽/cm | 开片度/% | 叶尖夹角/（°） | 单叶质量/g |
| | | 48.3 | 13.7 | 28.6 | 48.0 | 5.5 |
| | | 厚度/mm | 定量/(g/m²) | 密度/(g/m³) | 含梗率/% | 平衡含水率/% |
| | | 0.095 | 94.8 | 1.26 | 25.8 | 11.6 |
| | | 颜色值L | 颜色值a | 颜色值b | 燃速/(mm/min) | 热水可溶物/% |
| | | 64.6 | 13.5 | 71.9 | 2.85 | 59.3 |

表4-1（续）

| 33 | CX1K | 叶长/cm | 叶宽/cm | 开片度/% | 叶尖夹角/（°） | 单叶质量/g |
|---|---|---|---|---|---|---|
| | | 78.7 | 26.8 | 34.2 | 56.2 | 20.3 |
| | | 厚度/mm | 定量/(g/m²) | 密度/(g/m³) | 含梗率/% | 平衡含水率/% |
| | | 0.120 | 139.5 | 1.11 | 27.6 | 13.8 |
| | | 颜色值L | 颜色值a | 颜色值b | 燃速/(mm/min) | 热水可溶物/% |
| | | 57.2 | 23.1 | 115.3 | 2.43 | 64.9 |
| 34 | CX2K | 叶长/cm | 叶宽/cm | 开片度/% | 叶尖夹角/（°） | 单叶质量/g |
| | | 50.9 | 21.8 | 42.6 | 57.7 | 8.4 |
| | | 厚度/mm | 定量/(g/m²) | 密度/(g/m³) | 含梗率/% | 平衡含水率/% |
| | | 0.086 | 84.7 | 1.08 | 25.0 | 12.6 |
| | | 颜色值L | 颜色值a | 颜色值b | 燃速/(mm/min) | 热水可溶物/% |
| | | 56.0 | 18.1 | 78.5 | 2.87 | 62.6 |
| 35 | B1K | 叶长/cm | 叶宽/cm | 开片度/% | 叶尖夹角/（°） | 单叶质量/g |
| | | 75.7 | 20.7 | 27.3 | 42.3 | 17.2 |
| | | 厚度/mm | 定量/(g/m²) | 密度/(g/m³) | 含梗率/% | 平衡含水率/% |
| | | 0.130 | 107.2 | 0.84 | 28.0 | 13.3 |
| | | 颜色值L | 颜色值a | 颜色值b | 燃速/(mm/min) | 热水可溶物/% |
| | | 54.6 | 25.5 | 125.0 | 2.45 | 62.3 |
| 36 | B2K | 叶长/cm | 叶宽/cm | 开片度/% | 叶尖夹角/（°） | 单叶质量/g |
| | | 58.1 | 17.1 | 29.6 | 56.9 | 11.2 |
| | | 厚度/mm | 定量/(g/m²) | 密度/(g/m³) | 含梗率/% | 平衡含水率/% |
| | | 0.156 | 128.7 | 0.83 | 24.4 | 13.1 |
| | | 颜色值L | 颜色值a | 颜色值b | 燃速/(mm/min) | 热水可溶物/% |
| | | 50.8 | 26.4 | 131.8 | 2.91 | 61.2 |

表4-1（续）

| 37 | B3K | 叶长/cm | 叶宽/cm | 开片度/% | 叶尖夹角/（°） | 单叶质量/g |
|---|---|---|---|---|---|---|
| | | 45.6 | 12.7 | 28.0 | 50.4 | 7.1 |
| | | 厚度/mm | 定量/(g/m²) | 密度/(g/m³) | 含梗率/% | 平衡含水率/% |
| | | 0.171 | 140.0 | 0.82 | 22.3 | 13.2 |
| | | 颜色值L | 颜色值a | 颜色值b | 燃速/(mm/min) | 热水可溶物/% |
| | | 48.7 | 25.0 | 124.0 | 2.40 | 59.3 |
| 38 | GY1 | 叶长/cm | 叶宽/cm | 开片度/% | 叶尖夹角/（°） | 单叶质量/g |
| | | 79.6 | 25.8 | 32.7 | 57.3 | 21.2 |
| | | 厚度/mm | 定量/(g/m²) | 密度/(g/m³) | 含梗率/% | 平衡含水率/% |
| | | 0.122 | 100.4 | 0.85 | 30.1 | 13.5 |
| | | 颜色值L | 颜色值a | 颜色值b | 燃速/(mm/min) | 热水可溶物/% |
| | | 59.2 | 22.1 | 111.2 | 2.62 | 66.1 |
| 39 | GY2 | 叶长/cm | 叶宽/cm | 开片度/% | 叶尖夹角/（°） | 单叶质量/g |
| | | 58.2 | 18.0 | 30.8 | 56.9 | 7.3 |
| | | 厚度/mm | 定量/(g/m²) | 密度/(g/m³) | 含梗率/% | 平衡含水率/% |
| | | 0.068 | 56.4 | 0.86 | 38.8 | 12.0 |
| | | 颜色值L | 颜色值a | 颜色值b | 燃速/(mm/min) | 热水可溶物/% |
| | | 59.4 | 19.2 | 91.4 | 2.93 | 59.1 |

表4-2  大理红大烟叶样品主要物理特性指标检测结果（统计值）

| 统计值 | 叶长/cm | 叶宽/cm | 开片度/% | 叶尖夹角/（°） | 单叶质量/g |
|---|---|---|---|---|---|
| 最大值 | 80.4 | 29.9 | 47.1 | 73.0 | 22.5 |
| 最小值 | 37.0 | 11.0 | 26.6 | 42.3 | 3.0 |
| 平均值 | 62.9 | 21.5 | 34.3 | 59.5 | 12.2 |
| 统计值 | 厚度/mm | 定量/(g/m²) | 密度/(g/m³) | 含梗率/% | 平衡含水率/% |
| 最大值 | 0.173 | 140.0 | 1.44 | 38.8 | 14.2 |
| 最小值 | 0.057 | 56.4 | 0.59 | 22.3 | 11.6 |
| 平均值 | 0.116 | 93.4 | 0.9 | 28.4 | 13.2 |
| 统计值 | 颜色值L | 颜色值a | 颜色值b | 燃速/(mm/min) | 热水可溶物/% |
| 最大值 | 66.0 | 33.3 | 182.7 | 3.30 | 66.7 |
| 最小值 | 43.4 | 12.7 | 69.8 | 2.11 | 56.3 |
| 平均值 | 58.0 | 21.8 | 111.4 | 2.73 | 63.0 |

将上述39个等级烟叶样品分别按正副组、大等级、组别（部位及色组）、等级进行归类后再对其主要物理特性检测结果进行横向比较，有以下对比分析结果及特点表现。

## 一、按正副组分类比较

依据GB 2635—1992《烤烟》，将大理红大上述39个等级烟叶样品中的下部柠檬黄（XL）和下部橘黄（XF）、中部柠檬黄（CL）与中部橘黄（CF）、上部柠檬黄（BL）、上部橘黄（BF）及完熟（H）烟叶归入正组烟，中下部杂色（CXK）、上部杂色（BK）、光滑叶（S）、微带青（V）、青黄色（GY）归入副组烟叶后进行主、副组烟叶的主要物理特性（平均值）横向对比，大理红大烟叶总体外观特征为：正组烟叶的外观颜色更为鲜亮、黄色色素转化充分、开片度较大、身份适中、吸湿性较好、燃烧速度较快、成熟程度较高、内含物质充分、可用性较高；检测结果则表明正组烟叶的叶宽、开片度、叶尖夹角、平衡含水率、颜色值$L$、颜色值$b$、燃烧速度和热水可溶物的平均值通常高于副组烟叶，而其单叶质量、厚度、定量、密度、含梗率、颜色值$a$的平均值则稍低于副组烟叶（见表4-3）。

表4-3　正副组烟叶样品主要物理特性检测结果（统计值）比较

| 正副组 | | 叶长/cm | 叶宽/cm | 开片度/% | 叶尖夹角/（°） | 单叶质量/g |
|---|---|---|---|---|---|---|
| 正组烟 | 最大值 | 80.4 | 29.9 | 45.5 | 71.8 | 22.5 |
| | 最小值 | 37.0 | 11.0 | 26.6 | 52.5 | 3.0 |
| | 平均值 | 62.3 | 21.8 | 35.1 | 61.3 | 11.8 |
| 副组烟 | 最大值 | 79.6 | 28.9 | 47.1 | 73.0 | 21.2 |
| | 最小值 | 45.6 | 12.7 | 27.2 | 42.3 | 5.5 |
| | 平均值 | 63.9 | 20.9 | 32.8 | 55.8 | 13.1 |
| 总平均值 | | 62.9 | 21.5 | 34.3 | 59.5 | 12.2 |

| 正副组 | | 厚度/mm | 定量/(g/m$^2$) | 密度/(g/m$^3$) | 含梗率/% | 平衡含水率/% |
|---|---|---|---|---|---|---|
| 正组烟 | 最大值 | 0.173 | 116.5 | 1.44 | 35.4 | 14.2 |
| | 最小值 | 0.057 | 58.5 | 0.59 | 23.0 | 12.0 |
| | 平均值 | 0.113 | 88.9 | 0.86 | 28.3 | 13.3 |
| 副组烟 | 最大值 | 0.171 | 140.0 | 1.26 | 38.8 | 13.8 |
| | 最小值 | 0.068 | 56.4 | 0.76 | 22.3 | 11.6 |
| | 平均值 | 0.122 | 102.5 | 0.91 | 28.7 | 13.0 |
| 总平均值 | | 0.116 | 93.5 | 0.9 | 28.4 | 13.2 |

| 正副组 | | 颜色值$L$ | 颜色值$a$ | 颜色值$b$ | 燃速/(mm/min) | 热水可溶物/% |
|---|---|---|---|---|---|---|
| 正组烟 | 最大值 | 66.0 | 33.3 | 182.7 | 3.30 | 66.7 |
| | 最小值 | 43.4 | 12.7 | 69.8 | 2.11 | 56.3 |
| | 平均值 | 58.5 | 21.7 | 112.2 | 2.76 | 63.2 |
| 副组烟 | 最大值 | 64.6 | 27.9 | 145.4 | 2.93 | 66.1 |
| | 最小值 | 48.7 | 13.5 | 71.9 | 2.38 | 59.1 |
| | 平均值 | 57.0 | 22.0 | 109.7 | 2.66 | 62.4 |
| 总平均值 | | 58.0 | 21.8 | 111.4 | 2.73 | 63.0 |

## 二、按大等级分类比较

参考烟草行业烤烟收购相关政策，上述39个等级的烟叶样品又可具体分为包含C1F、C2F、C3F、C1L、C2L、B1F、B2F、B1L、H1F、X1F共10个等级的上等烟叶，包含C3L、X2F、C4F、C4L、X3F、X1L、X2L、B3F、B4F、B2L、B3L、H2F、X2V、C3V、B2V、B3V、S1共17个等级的中等烟叶，包含B4L、X3L、X4L、X4F、S2、CX1K、CX2K、B1K、B2K、GY1共10个等级的下等烟叶，以及B3K、GY2共2个等级的低等烟叶，将上述四个大等级的烟叶样品归类后再对其主要物理特性指标检测结果（平均值）进行对比，统计结果详见表4-4。

表4-4　大等级烟叶样品的主要物理特性检测统计结果（平均值）

| 大等级 | | 叶长/cm | 叶宽/cm | 开片度/% | 叶尖夹角/（°） | 单叶质量/g |
|---|---|---|---|---|---|---|
| 上等烟 | 最大值 | 80.4 | 29.4 | 45.5 | 68.4 | 22.5 |
| | 最小值 | 63.6 | 18.8 | 29.5 | 57.2 | 11.4 |
| | 平均值 | 73.8 | 25.3 | 34.4 | 60.4 | 17.8 |
| 中等烟 | 最大值 | 79.4 | 29.9 | 47.1 | 73.0 | 19.6 |
| | 最小值 | 43.0 | 11.8 | 26.9 | 49.7 | 4.9 |
| | 平均值 | 62.0 | 21.7 | 34.9 | 60.9 | 10.8 |
| 下等烟 | 最大值 | 79.6 | 26.8 | 42.6 | 71.3 | 21.2 |
| | 最小值 | 37.0 | 11.0 | 26.6 | 42.3 | 3.0 |
| | 平均值 | 55.5 | 18.6 | 34.3 | 57.4 | 9.9 |
| 低等烟 | 最大值 | 58.2 | 18.0 | 30.8 | 56.9 | 7.3 |
| | 最小值 | 45.6 | 12.7 | 28.0 | 50.4 | 7.1 |
| | 平均值 | 51.9 | 15.3 | 29.4 | 53.7 | 7.2 |
| 总平均值 | | 62.9 | 21.5 | 34.3 | 59.5 | 12.2 |

表4-4（续）

| 大等级 | | 厚度/mm | 定量/(g/m²) | 密度/(g/m³) | 含梗率/% | 平衡含水率/% |
|---|---|---|---|---|---|---|
| 上等烟 | 最大值 | 0.169 | 116.5 | 1.44 | 35.4 | 14.2 |
| | 最小值 | 0.057 | 70.6 | 0.60 | 23.2 | 12.1 |
| | 平均值 | 0.130 | 98.0 | 0.84 | 29.0 | 13.5 |
| 中等烟 | 最大值 | 0.173 | 118.5 | 1.14 | 33.7 | 13.9 |
| | 最小值 | 0.060 | 58.5 | 0.59 | 25.7 | 12.0 |
| | 平均值 | 0.114 | 88.8 | 0.85 | 29.2 | 13.2 |
| 下等烟 | 最大值 | 0.156 | 139.5 | 1.26 | 30.1 | 13.8 |
| | 最小值 | 0.080 | 61.7 | 0.70 | 23.0 | 11.6 |
| | 平均值 | 0.106 | 95.8 | 0.96 | 26.1 | 12.9 |
| 低等烟 | 最大值 | 0.171 | 140.0 | 0.86 | 38.8 | 13.2 |
| | 最小值 | 0.068 | 56.4 | 0.82 | 22.3 | 12.0 |
| | 平均值 | 0.119 | 98.2 | 0.84 | 30.5 | 12.6 |
| 总平均值 | | 0.116 | 93.5 | 0.9 | 28.4 | 13.2 |
| 大等级 | | 颜色值L | 颜色值a | 颜色值b | 燃速/(mm/min) | 热水可溶物/% |
| 上等烟 | 最大值 | 60.3 | 33.3 | 182.7 | 2.88 | 66.6 |
| | 最小值 | 46.4 | 19.9 | 91.9 | 2.42 | 56.7 |
| | 平均值 | 56.3 | 25.7 | 131.3 | 2.66 | 63.4 |
| 中等烟 | 最大值 | 66.0 | 32.2 | 170.6 | 3.05 | 66.7 |
| | 最小值 | 43.4 | 13.8 | 76.2 | 2.11 | 57.5 |
| | 平均值 | 58.8 | 21.2 | 109.9 | 2.74 | 63.3 |
| 低等烟 | 最大值 | 65.1 | 26.4 | 131.8 | 3.30 | 66.3 |
| | 最小值 | 50.8 | 12.7 | 69.8 | 2.43 | 56.3 |
| | 平均值 | 59.1 | 19.0 | 94.7 | 2.80 | 62.6 |
| 低等烟 | 最大值 | 59.4 | 25.0 | 124.0 | 2.93 | 59.3 |
| | 最小值 | 48.7 | 19.2 | 91.4 | 2.40 | 59.1 |
| | 平均值 | 54.1 | 22.1 | 107.7 | 2.67 | 59.2 |
| 总平均值 | | 58.0 | 21.8 | 111.4 | 2.73 | 63.0 |

从表4-4和图4-1中的主要物理特性指标测定结果来看，大理红大烟叶样品各大等级间烟叶样品的物理特性差距较为明显，其烟叶的叶长、叶宽、单叶质量、平衡含水率、热水可溶物含量与烟叶的质量等级密切相关，通常上等烟叶＞中等烟叶＞均值＞下等烟叶＞低等烟叶；而烟叶的开片度、叶尖夹角以中等烟的高些，表现为上等烟叶＞下等烟叶＞低等烟叶的趋势，与烟叶的质量等级的关系也较密切；从各大等级烟叶的厚度、定量、密度、含梗率、颜色值（$L$、$a$、$b$）、燃烧速度等指标的均值来看，大理红大烟叶的身份（烟叶厚度、定量、密度等）稍厚、含梗率适中、自由燃烧度尚好、烟叶颜色为金黄–深黄色域、其红绿色度值（颜色值$a$，正值代表红色度，负值代表绿色度）与黄蓝色度值（颜色值$b$，正值代表黄色度，负值代表蓝色度）较高；检测结果亦表明，等级质量相对高些的烟叶，其田间生长发育更充分、叶形宽大、开片度较大、单叶质量高、烟叶的吸湿性（平衡含水率）好、热水可溶物含量高。

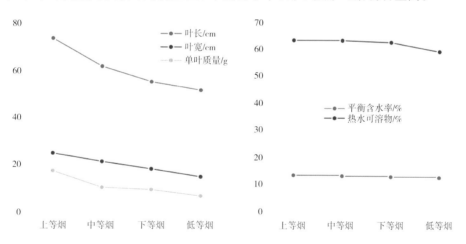

图4-1　烟叶等级质量与其主要物理特性指标的相关性

## 三、按组别分类比较

依烟叶的生长部位和外观颜色，还可将大理上述39个等级的红大烟叶样品按下部柠檬黄（XL）、下部橘黄（XF）、中部柠檬黄（CL）、中部橘黄（CF）、上部柠檬黄（BL）、上部橘黄（BF）、完熟（HF）、中下部杂色（CXK）、上部杂色（BK）、光滑叶（S）、微带青（V）、青黄色（GY）共分为12个组别（无红棕色组）进行主要物理特性指标的横向比较，其统计结果详见表4-5、图4-2、图4-3、图4-4。

表4-5　不同组别烟叶样品主要物理特性检测结果（均值）比较

| 序号 | 组别 | 叶长/cm | 叶宽/cm | 开片度/% | 叶尖夹角/（°） | 单叶质量/g |
|---|---|---|---|---|---|---|
| 1 | XL | 53.4 | 22.5 | 41.8 | 66.3 | 7.87 |
| 2 | XF | 53.2 | 23.0 | 43.0 | 70.0 | 8.13 |
| 3 | CL | 71.4 | 25.5 | 35.6 | 58.7 | 14.59 |
| 4 | CF | 73.4 | 25.1 | 34.4 | 61.9 | 16.49 |
| 5 | BL | 60.9 | 18.8 | 30.2 | 56.1 | 11.71 |
| 6 | BF | 62.6 | 18.2 | 28.9 | 56.5 | 12.65 |
| 7 | HF | 60.5 | 17.1 | 28.2 | 58.7 | 10.03 |
| 8 | V | 67.7 | 23.1 | 34.4 | 60.1 | 14.98 |
| 9 | S | 56.5 | 18.2 | 31.8 | 53.6 | 8.55 |
| 10 | CXK | 64.8 | 24.3 | 38.4 | 57.0 | 14.34 |
| 11 | BK | 59.8 | 16.8 | 28.3 | 49.9 | 11.86 |
| 12 | GY | 68.9 | 21.9 | 31.8 | 57.1 | 14.23 |
| | 平均值 | 62.9 | 21.5 | 34.3 | 59.5 | 12.2 |

| 序号 | 组别 | 厚度/mm | 定量/(g/m²) | 密度/(g/m³) | 含梗率/% | 平衡含水率/% |
|---|---|---|---|---|---|---|
| 1 | XL | 0.083 | 74.7 | 0.97 | 26.3 | 13.6 |
| 2 | XF | 0.082 | 68.9 | 0.94 | 26.8 | 13.2 |
| 3 | CL | 0.094 | 83.7 | 0.97 | 29.7 | 13.5 |
| 4 | CF | 0.139 | 93.5 | 0.70 | 31.6 | 13.7 |
| 5 | BL | 0.107 | 94.1 | 0.92 | 25.3 | 13.1 |
| 6 | BF | 0.145 | 110.5 | 0.78 | 27.9 | 13.1 |
| 7 | HF | 0.171 | 105.1 | 0.62 | 32.3 | 12.0 |
| 8 | V | 0.120 | 97.6 | 0.84 | 30.3 | 13.3 |
| 9 | S | 0.130 | 92.8 | 1.02 | 27.5 | 12.0 |
| 10 | CXK | 0.103 | 112.1 | 1.10 | 26.3 | 13.2 |
| 11 | BK | 0.152 | 125.3 | 0.83 | 24.9 | 13.2 |
| 12 | GY | 0.095 | 78.4 | 0.86 | 34.4 | 12.8 |
| | 平均值 | 0.116 | 93.5 | 0.9 | 28.4 | 13.2 |

表4-5（续）

| 序号 | 组别 | 颜色值L | 颜色值a | 颜色值b | 燃速/(mm/min) | 热水可溶物/% |
|---|---|---|---|---|---|---|
| 1 | XL | 65.3 | 13.9 | 77.3 | 2.84 | 66.3 |
| 2 | XF | 60.5 | 19.2 | 92.7 | 2.85 | 63.8 |
| 3 | CL | 61.7 | 17.9 | 89.0 | 2.71 | 65.0 |
| 4 | CF | 56.9 | 27.0 | 140.6 | 2.71 | 62.8 |
| 5 | BL | 59.7 | 18.4 | 90.6 | 2.70 | 63.9 |
| 6 | BF | 53.5 | 28.6 | 151.0 | 2.75 | 60.8 |
| 7 | HF | 44.9 | 32.8 | 176.7 | 2.84 | 57.1 |
| 8 | V | 56.8 | 24.5 | 125.4 | 2.62 | 63.4 |
| 9 | S | 63.8 | 14.4 | 74.0 | 2.78 | 61.1 |
| 10 | CXK | 56.6 | 20.6 | 96.9 | 2.65 | 63.8 |
| 11 | BK | 51.4 | 25.6 | 126.9 | 2.59 | 60.9 |
| 12 | GY | 59.3 | 20.7 | 101.3 | 2.78 | 62.6 |
| 平均值 | | 58.0 | 21.8 | 111.4 | 2.73 | 63.0 |

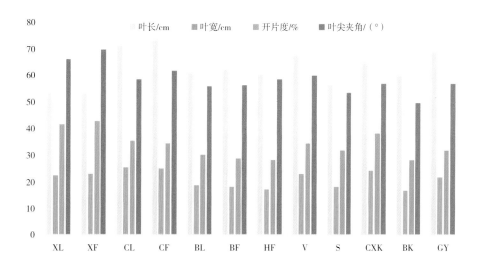

图4-2　不同组别烟叶样品主要物理特性检测结果（均值）对比图一

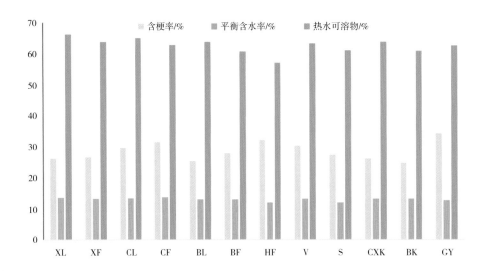

图4-3　不同组别烟叶样品主要物理特性检测结果（均值）对比图二

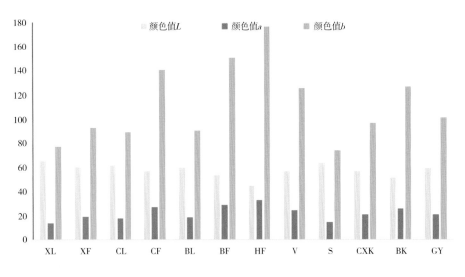

图4-4　不同组别烟叶样品主要物理特性检测结果（均值）对比图三

　　按GB 2635—1992的分级规则，以烟叶着生部位作为第一分组因素，将烟叶的颜色作为第二分组因素，依烤烟的着生部位及烟叶颜色可将其分为正组烟和副组烟。故上述12个组别中又涵盖7个正组及5个副组烟叶。以下按烟叶的"部位"及"色组"的质量梯度关系，对上述不同组别烟叶所表现的物理特性进行分析，得出结果。

### （一）部位关系

以表4-5不同组别烟叶样品主要物理特性检测结果为例，其中正组烟可按下部（XL、XF）、中部（CL、CF）、上部（BL、BF）三个部位进行对比，可见不同部位烟叶的开片度、厚度、定量、叶尖夹角的均值与部位关系明显，随着烟叶着生部位的升高，有开片度依次下降、厚度及定量增大、叶尖夹角减小的变化趋势（见表4-6和图4-5）。上述分析结果与烟叶的生产实际相印证，即随着烟叶着生部位的上升，烟叶的叶形通常由宽趋窄、身份由薄趋厚、叶尖由钝趋锐。至于副组烟（因田间生长发育不良、采收不当、后期烘烤调制失误以及其他原因造成的品质相对较低的烟叶），按类似分析，亦有相似的部位规律性。

表4-6　不同部位正组烟相关物理特性指标检测结果（均值）比较

| 部位 | 开片度/% | 厚度/mm | 定量/(g/m²) | 叶尖夹角/(°) |
|---|---|---|---|---|
| 下部（X） | 42.4 | 0.083 | 71.8 | 68.1 |
| 中部（C） | 35.0 | 0.116 | 88.6 | 60.3 |
| 上部（B） | 29.6 | 0.126 | 102.3 | 56.3 |

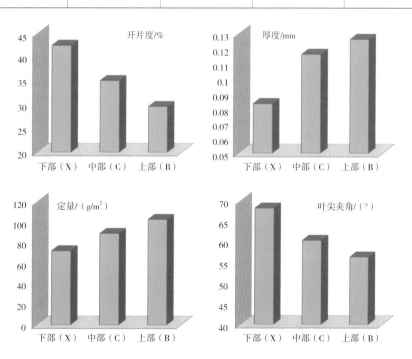

图4-5　不同部位正组烟相关物理特性指标检测结果变化趋势图

## （二）色组关系

从表4-5不同组别烟叶样品主要物理特性检测结果来看，不同组别烟叶样品的颜色值（平均值）通常有以下变化规律：

（1）颜色值$L$：XL组＞S组＞CL组＞XF组＞BL组＞GY组＞CF组＞V组＞CXK组＞BF组＞BK组＞HF组；

（2）颜色值$a$：HF组＞BF组＞CF组＞BK组＞V组＞GY组＞CXK组＞XF组＞BL组＞CL组＞S组＞XL组；

（3）颜色值$b$：HF组＞BF组＞CF组＞BK组＞V组＞GY组＞CXK组＞XF组＞BL组＞CL组＞XL组＞S组。

此外，烟叶的颜色值与其部位、色组、正副组均有较好的相关性，同样以正组烟（完熟组HF除外）为例，表4-7对不同部位、不同色组正组烟叶样品的颜色值检测结果进行了横向对比。

表4-7　不同部位、不同色组正组烟叶样品的颜色值检测结果（统计值）比较

| 组别 | | 颜色值$L$ | 颜色值$a$ | 颜色值$b$ |
|---|---|---|---|---|
| XL | 最大值 | 66.0 | 15.4 | 87.0 |
| | 最小值 | 64.4 | 12.7 | 69.8 |
| | 平均值 | 65.3 | 13.9 | 77.6 |
| XF | 最大值 | 62.7 | 20.7 | 105.1 |
| | 最小值 | 58.0 | 17.8 | 87.3 |
| | 平均值 | 60.5 | 19.2 | 93.8 |
| CL | 最大值 | 64.4 | 21.6 | 103.6 |
| | 最小值 | 59.3 | 14.8 | 80.2 |
| | 平均值 | 61.8 | 18.0 | 90.0 |
| CF | 最大值 | 55.0 | 28.0 | 148.8 |
| | 最小值 | 54.7 | 27.9 | 142.0 |
| | 平均值 | 59.8 | 25.8 | 133.0 |

表4-7（续）

| 组别 | | 颜色值L | 颜色值a | 颜色值b |
|---|---|---|---|---|
| BL | 最大值 | 60.8 | 21.6 | 104.8 |
| | 最小值 | 58.1 | 14.8 | 78.7 |
| | 平均值 | 59.6 | 18.3 | 91.0 |
| BF | 最大值 | 55.1 | 30.5 | 167.7 |
| | 最小值 | 52.5 | 26.1 | 135.1 |
| | 平均值 | 53.6 | 28.5 | 151.1 |

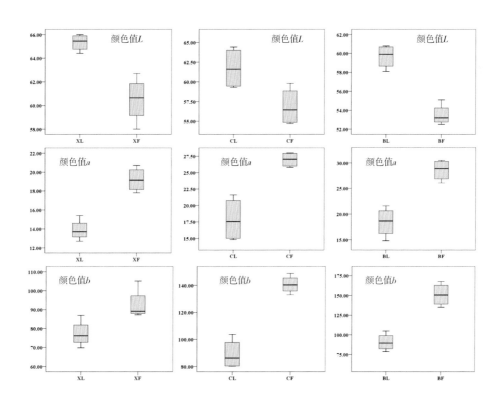

图4-6　不同部位、不同色组正组烟叶样品的颜色值检测结果箱线图

　　由表4-7和图4-6可以直观看出，对不同部位的烟叶，其柠色组的L值均比橘色组的要高，而a值与b值则更低。表明柠色组烟叶的明度值通常更高，而橘色组烟叶的红色及黄色色素更多，其烟叶的颜色趋深。此外，随着着生部位的上升，烟叶还表现出L值降低、a值与b值上升的普遍规律。以上检测及分

析结果与烟叶分级的基本原则一致，由此，通过定量检测烟叶的颜色值，理论上可以指导烟叶的色组判定及辅助分级。

## 四、按等级分类比较

按GB 2635—1992分级规则，烤烟正确分组后，依品质因素可将烤烟具体细分为42个等级（其中主组29级、副组13级），以中部柠檬黄色组（CL组）和中部橘黄色组（CF组）烟叶样品为例，对其不同等级烟叶的主要物理特性指标进行横向比较，其统计结果参见表4-8。

表4-8　CL与CF组内不同等级烟叶样品的主要物理特性指标检测结果比较

| 组别 | 等级 | 叶长/cm | 叶宽/cm | 开片度/% | 叶尖夹角/（°） | 单叶质量/g |
|---|---|---|---|---|---|---|
| | C1L | 78.4 | 28.1 | 35.9 | 60.2 | 21.4 |
| | C2L | 74.0 | 27.3 | 36.9 | 60.9 | 17.7 |
| | C3L | 70.5 | 24.9 | 35.2 | 58.4 | 12.0 |
| | C4L | 62.6 | 21.5 | 34.4 | 55.2 | 7.3 |
| | 最大值 | 78.4 | 28.1 | 36.9 | 60.9 | 21.4 |
| | 最小值 | 62.6 | 21.5 | 34.4 | 55.2 | 7.3 |
| | 平均值 | 71.4 | 25.5 | 35.6 | 58.7 | 14.6 |
| | 等级 | 厚度/mm | 定量/(g/m²) | 密度/(g/m³) | 含梗率/% | 平衡含水率/% |
| | C1L | 0.134 | 100.3 | 0.87 | 28.1 | 13.7 |
| | C2L | 0.094 | 100.0 | 1.10 | 26.5 | 13.5 |
| CL组 | C3L | 0.088 | 76.1 | 0.87 | 30.7 | 13.4 |
| | C4L | 0.060 | 58.5 | 1.03 | 33.3 | 13.5 |
| | 最大值 | 0.134 | 100.3 | 1.10 | 33.3 | 13.7 |
| | 最小值 | 0.060 | 58.5 | 0.87 | 26.5 | 13.4 |
| | 平均值 | 0.094 | 83.7 | 0.97 | 29.7 | 13.5 |
| | 等级 | 颜色值L | 颜色值a | 颜色值b | 燃速/(mm/min) | 热水可溶物/% |
| | C1L | 59.3 | 21.6 | 103.6 | 2.73 | 64.8 |
| | C2L | 59.6 | 19.9 | 91.9 | 2.42 | 65.3 |
| | C3L | 64.4 | 15.2 | 80.2 | 2.95 | 65.2 |
| | C4L | 63.6 | 14.8 | 80.4 | 2.73 | 64.9 |
| | 最大值 | 64.4 | 21.6 | 103.6 | 2.95 | 65.3 |
| | 最小值 | 59.3 | 14.8 | 80.2 | 2.42 | 64.8 |
| | 平均值 | 61.7 | 17.9 | 89.0 | 2.70 | 65.0 |

表4-8（续）

| 组别 | 等级 | 叶长/cm | 叶宽/cm | 开片度/% | 叶尖夹角/（°） | 单叶质量/g |
|---|---|---|---|---|---|---|
| C F 组 | C1F | 80.4 | 26.5 | 33.0 | 57.9 | 22.5 |
| | C2F | 79.9 | 27.7 | 34.7 | 60.3 | 19.8 |
| | C3F | 72.3 | 23.9 | 33.1 | 63.5 | 14.3 |
| | C4F | 60.9 | 22.2 | 36.5 | 65.8 | 9.4 |
| | 最大值 | 80.4 | 27.7 | 36.5 | 65.8 | 22.5 |
| | 最小值 | 60.9 | 22.2 | 33.0 | 57.9 | 9.4 |
| | 平均值 | 73.4 | 25.1 | 34.3 | 61.9 | 16.5 |
| | 等级 | 厚度/mm | 定量/(g/m²) | 密度/(g/m³) | 含梗率/% | 平衡含水率/% |
| | C1F | 0.144 | 111.2 | 0.79 | 26.9 | 14.2 |
| | C2F | 0.124 | 98.7 | 0.81 | 30.4 | 13.5 |
| | C3F | 0.149 | 85.2 | 0.62 | 35.4 | 13.9 |
| | C4F | 0.137 | 78.8 | 0.59 | 33.7 | 13.1 |
| | 最大值 | 0.149 | 111.2 | 0.81 | 35.4 | 14.2 |
| | 最小值 | 0.124 | 78.8 | 0.59 | 26.9 | 13.1 |
| | 平均值 | 0.139 | 93.5 | 0.7 | 31.6 | 13.7 |
| | 等级 | 颜色值L | 颜色值a | 颜色值b | 燃速/(mm/min) | 热水可溶物/% |
| | C1F | 55.0 | 28.0 | 148.8 | 2.62 | 64.2 |
| | C2F | 54.7 | 27.9 | 142.0 | 2.56 | 63.0 |
| | C3F | 59.8 | 25.8 | 133.0 | 2.88 | 63.7 |
| | C4F | 57.9 | 26.2 | 138.5 | 2.78 | 60.1 |
| | 最大值 | 59.8 | 28.0 | 148.8 | 2.88 | 64.2 |
| | 最小值 | 54.7 | 25.8 | 133.0 | 2.56 | 60.1 |
| | 平均值 | 56.9 | 27.0 | 140.6 | 2.71 | 62.8 |

由表4-8检测结果可看出：就CL组和CF组烟叶样品而言，不同质量等级间烟叶叶长、单叶质量及定量三个特征物理特性指标的规律性明显，总体表现为随烟叶质量等级的升高或降低，上述特性指标的检测结果有同步升高或下降的变化趋势（如图4-7所示）。因此，在准确识别烟叶部位、色组的基础上，以上述几项特征物理特性指标（检测）可以作为判定烟叶具体质量等级的有效（或辅助）手段。

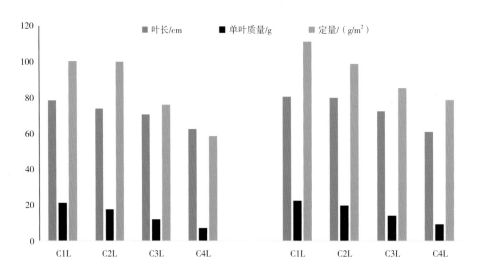

图4-7　中部烟叶样品主要特性指标检测值与其质量等级的相关性

　　由以上研究结果表明，烟叶的主要物理特性指标检测结果与其烟叶质量等级关系密切。当前我国烟叶质量等级主要还是依赖个人或专家集体通过其自身专业经验（即眼看、手摸、鼻闻、耳听等传统方式）对烟叶的外观质量和外观表现来进行判定，因而存在较大的主观性，且易受环境（照明、温度、湿度等）变化、个人经验水平、身体状况及情绪波动等的影响。若能以某产区特定品种烟叶样品的主要理化特性与其质量等级相关性的系统研究成果，再结合其烟叶外观特性或图像特征，通过不断的基础数据积累，建立起产区烟叶的质量特征数据库与等级质量模型，再用于指导（或辅助）实践中的烟叶质量分级，必将大大提升当前烟叶分级（评级）工作的科学性和客观性。

第五章

# 常规烟草化学成分

　　按YC/T 159—2019《烟草及烟草制品　水溶性糖的测定　连续流动法》、YCT 161—2002《烟草及烟草制品　总氮的测定　连续流动法》、YC/T 468—2021《烟草及烟草制品　总植物碱的测定　连续流动（硫氰酸钾）法》、YC/T 162—2011《烟草及烟草制品　氯的测定　连续流动法》、YC/T 173—2003《烟草及烟草制品　钾的测定　火焰光度法》中的方法，分别对大理红大39个等级烟叶样品的常规烟草化学成分[总糖、还原糖、总氮、总植物碱（烟碱）、钾离子、水溶性氯含量]进行检测，再以烟叶样品的还原糖与总糖、总糖与烟碱、总糖与总氮、钾离子与氯离子含量的比值分别计算各样品的还原糖/总糖、糖碱比、糖氮比、钾氯比，具体检测结果详见表5-1。

表5-1　大理红大烟叶样品常规烟草化学成分检测结果汇总

| 序号 | 样品 | 总糖/% | 还原糖/% | 总氮(N)/% | 烟碱/% | 钾离子(K⁺)/% | 水溶性氯(Cl⁻)/% | 还原糖/总糖 | 糖碱比 | 糖氮比 | 钾氯比 |
|---|---|---|---|---|---|---|---|---|---|---|---|
| 1 | X1L | 43.01 | 32.84 | 1.27 | 1.30 | 1.77 | 0.32 | 0.76 | 33.08 | 33.87 | 5.52 |
| 2 | X2L | 43.74 | 31.42 | 1.20 | 1.73 | 2.03 | 0.68 | 0.72 | 25.28 | 36.45 | 2.98 |
| 3 | X3L | 39.58 | 30.84 | 1.16 | 1.77 | 1.67 | 0.86 | 0.78 | 22.36 | 34.12 | 1.94 |
| 4 | X4L | 34.75 | 32.99 | 1.26 | 1.31 | 1.70 | 1.30 | 0.95 | 26.53 | 27.58 | 1.31 |
| 5 | X1F | 45.08 | 35.07 | 1.36 | 1.83 | 1.39 | 0.16 | 0.78 | 24.63 | 33.15 | 8.66 |
| 6 | X2F | 43.86 | 32.78 | 1.31 | 1.77 | 1.53 | 0.30 | 0.75 | 24.78 | 33.48 | 5.09 |
| 7 | X3F | 44.43 | 31.14 | 1.48 | 2.29 | 1.65 | 0.49 | 0.70 | 19.40 | 30.02 | 3.37 |
| 8 | X4F | 19.71 | 14.55 | 1.78 | 4.54 | 1.83 | 0.75 | 0.74 | 4.34 | 11.07 | 2.45 |
| 9 | C1L | 43.08 | 37.09 | 1.56 | 2.70 | 1.10 | 0.60 | 0.86 | 15.96 | 27.62 | 1.83 |
| 10 | C2L | 42.85 | 39.52 | 1.54 | 2.83 | 1.24 | 0.87 | 0.92 | 15.14 | 27.82 | 1.42 |
| 11 | C3L | 45.21 | 33.38 | 1.17 | 1.63 | 1.74 | 0.61 | 0.74 | 27.74 | 38.64 | 2.86 |
| 12 | C4L | 43.65 | 35.17 | 1.16 | 1.21 | 2.05 | 0.88 | 0.81 | 36.07 | 37.63 | 2.33 |
| 13 | C1F | 35.06 | 30.04 | 2.14 | 4.69 | 1.45 | 0.74 | 0.86 | 7.48 | 16.38 | 1.96 |
| 14 | C2F | 30.75 | 26.43 | 2.28 | 4.51 | 1.74 | 0.53 | 0.86 | 6.82 | 13.49 | 3.29 |
| 15 | C3F | 33.47 | 26.57 | 2.06 | 3.99 | 1.61 | 0.20 | 0.79 | 8.39 | 16.25 | 8.05 |
| 16 | C4F | 29.36 | 23.81 | 2.04 | 3.37 | 2.01 | 0.22 | 0.81 | 8.71 | 14.39 | 9.13 |
| 17 | B1L | 40.16 | 35.12 | 1.75 | 3.98 | 1.32 | 0.94 | 0.87 | 10.09 | 22.95 | 1.40 |
| 18 | B2L | 40.43 | 34.36 | 1.62 | 3.34 | 1.24 | 1.21 | 0.85 | 12.10 | 24.96 | 1.02 |

表5-1（续）

| 序号 | 样品 | 总糖/% | 还原糖/% | 总氮(N)/% | 烟碱/% | 钾离子(K⁺)/% | 水溶性氯(Cl⁻)/% | 还原糖/总糖 | 糖碱比 | 糖氮比 | 钾氯比 |
|---|---|---|---|---|---|---|---|---|---|---|---|
| 19 | B3L | 42.27 | 33.77 | 1.36 | 1.99 | 1.49 | 0.47 | 0.80 | 21.24 | 31.08 | 3.18 |
| 20 | B4L | 35.85 | 29.06 | 1.24 | 1.33 | 1.78 | 0.22 | 0.81 | 26.95 | 28.91 | 8.11 |
| 21 | B1F | 32.50 | 27.76 | 2.23 | 4.95 | 1.71 | 0.65 | 0.85 | 6.57 | 14.57 | 2.63 |
| 22 | B2F | 26.18 | 22.12 | 2.42 | 5.62 | 1.59 | 0.44 | 0.84 | 4.66 | 10.82 | 3.62 |
| 23 | B3F | 24.34 | 21.65 | 2.61 | 4.36 | 1.40 | 0.19 | 0.89 | 5.58 | 9.33 | 7.38 |
| 24 | B4F | 26.06 | 23.12 | 2.32 | 3.85 | 1.42 | 0.28 | 0.89 | 6.77 | 11.23 | 5.07 |
| 25 | H1F | 9.08 | 8.17 | 3.38 | 6.30 | 1.60 | 0.19 | 0.90 | 1.44 | 2.69 | 8.43 |
| 26 | H2F | 9.35 | 8.40 | 3.38 | 5.46 | 1.64 | 0.29 | 0.90 | 1.71 | 2.77 | 5.64 |
| 27 | X2V | 44.87 | 32.13 | 1.32 | 2.06 | 1.55 | 0.42 | 0.72 | 21.78 | 33.99 | 3.70 |
| 28 | C3V | 36.73 | 30.68 | 1.95 | 3.98 | 1.64 | 0.44 | 0.84 | 9.23 | 18.84 | 3.74 |
| 29 | B2V | 32.13 | 26.19 | 2.31 | 4.88 | 1.68 | 0.52 | 0.82 | 6.58 | 13.91 | 3.22 |
| 30 | B3V | 25.20 | 20.57 | 2.69 | 4.29 | 1.29 | 0.23 | 0.82 | 5.87 | 9.37 | 5.59 |
| 31 | S1 | 43.84 | 30.31 | 0.99 | 1.22 | 1.29 | 0.45 | 0.69 | 35.93 | 44.28 | 2.86 |
| 32 | S2 | 40.14 | 28.91 | 1.04 | 0.87 | 1.55 | 0.19 | 0.72 | 46.14 | 38.60 | 8.17 |
| 33 | CX1K | 44.95 | 35.14 | 1.55 | 2.94 | 1.48 | 0.77 | 0.78 | 15.29 | 29.00 | 1.92 |
| 34 | CX2K | 40.98 | 33.31 | 1.16 | 2.12 | 1.60 | 0.54 | 0.81 | 19.33 | 35.33 | 2.97 |
| 35 | B1K | 36.40 | 29.19 | 1.97 | 3.82 | 1.39 | 0.75 | 0.80 | 9.53 | 18.48 | 1.85 |
| 36 | B2K | 34.95 | 30.72 | 1.96 | 3.52 | 1.39 | 0.52 | 0.88 | 9.93 | 17.83 | 2.68 |
| 37 | B3K | 31.54 | 28.07 | 1.94 | 3.52 | 1.17 | 0.61 | 0.89 | 8.96 | 16.26 | 1.92 |
| 38 | GY1 | 44.07 | 35.30 | 1.51 | 3.18 | 1.48 | 0.54 | 0.80 | 13.86 | 29.19 | 2.74 |
| 39 | GY2 | 26.20 | 18.78 | 1.98 | 1.63 | 2.31 | 0.19 | 0.72 | 16.07 | 13.23 | 12.14 |
| 最大值 | | 45.21 | 39.52 | 3.38 | 6.30 | 2.31 | 1.30 | 0.95 | 46.14 | 44.28 | 12.14 |
| 最小值 | | 9.08 | 8.17 | 0.99 | 0.87 | 1.10 | 0.16 | 0.69 | 1.44 | 2.69 | 1.02 |
| 平均值 | | 35.53 | 28.63 | 1.78 | 3.09 | 1.58 | 0.53 | 0.81 | 15.96 | 23.32 | 4.16 |

从大理红大各等级烟叶样品的常规烟草化学成分检测结果来看，该产区烟叶总体具有总糖高、还原糖较高、总氮及钾离子适中、烟碱略高、氯离子较低，而还原糖与总糖比值略偏低，糖碱比、糖氮比及钾氯比较高等的特点。从个体来看，大部分烟叶样品的常规烟草化学成分协调，总体符合西南烟区优质烤烟化学成分的基本特征，并与其烟叶样品感官评吸的香气表现、烟气特征、燃烧性能等内在感官质量的评价结果基本对应。

将上述39个等级烟叶样品分别按部位及色组、正副组、大等级等进行分组归类后再对其常规烟草化学成分进行横向对比，有以下一些对比分析结果及烟叶化学成分特点表现。

### 1. 按部位及色组、正副组分类分析

依烟叶的生长部位和外观颜色，可将大理红大上述39个等级烟叶样品按下部柠檬黄（XL）、下部橘黄（XF）、中部柠檬黄（CL）、中部橘黄（CF）、上部柠檬黄（BL）、上部橘黄（BF）、完熟（HF）、中下部杂色（CXK）、上部杂色（BK）、光滑叶（S）、微带青（V）、青黄色（GY）共12个组别（无红棕色组）进行烟叶的常规烟草化学成分对比，其统计结果详见表5-2。

表5-2 不同组别烟叶样品的常规烟草化学成分比较

| 组别 | | 总糖/% | 还原糖/% | 总氮(N)/% | 烟碱/% | 钾离子(K$^+$)/% | 水溶性氯(Cl$^-$)/% | 还原糖/总糖 | 糖碱比 | 糖氮比 | 钾氯比 |
|---|---|---|---|---|---|---|---|---|---|---|---|
| XL | 最大值 | 43.74 | 32.99 | 1.27 | 1.77 | 2.03 | 1.30 | 0.95 | 33.08 | 36.45 | 5.52 |
| | 最小值 | 34.75 | 30.84 | 1.16 | 1.30 | 1.67 | 0.32 | 0.72 | 22.36 | 27.58 | 1.31 |
| | 平均值 | 40.27 | 32.02 | 1.22 | 1.53 | 1.79 | 0.79 | 0.80 | 26.81 | 33.01 | 2.94 |
| XF | 最大值 | 45.08 | 35.07 | 1.78 | 4.54 | 1.83 | 0.75 | 0.78 | 24.78 | 33.48 | 8.66 |
| | 最小值 | 19.71 | 14.55 | 1.31 | 1.77 | 1.39 | 0.16 | 0.70 | 4.34 | 11.07 | 2.45 |
| | 平均值 | 38.27 | 28.39 | 1.48 | 2.61 | 1.60 | 0.43 | 0.74 | 18.29 | 26.93 | 4.89 |
| CL | 最大值 | 45.21 | 39.52 | 1.56 | 2.83 | 2.05 | 0.88 | 0.92 | 36.07 | 38.64 | 2.86 |
| | 最小值 | 42.85 | 33.38 | 1.16 | 1.21 | 1.10 | 0.60 | 0.74 | 15.14 | 27.62 | 1.42 |
| | 平均值 | 43.70 | 36.29 | 1.36 | 2.09 | 1.53 | 0.74 | 0.83 | 23.73 | 32.93 | 2.11 |
| CF | 最大值 | 35.06 | 30.04 | 2.28 | 4.69 | 2.01 | 0.74 | 0.86 | 8.71 | 16.38 | 9.13 |
| | 最小值 | 29.36 | 23.81 | 2.04 | 3.37 | 1.45 | 0.20 | 0.79 | 6.82 | 13.49 | 1.96 |
| | 平均值 | 32.16 | 26.71 | 2.13 | 4.14 | 1.70 | 0.42 | 0.83 | 7.85 | 15.13 | 5.61 |

表5-2（续）

| 组别 | | 总糖/% | 还原糖/% | 总氮(N)/% | 烟碱/% | 钾离子(K⁺)/% | 水溶性氯(Cl⁻)/% | 还原糖/总糖 | 糖碱比 | 糖氮比 | 钾氯比 |
|---|---|---|---|---|---|---|---|---|---|---|---|
| BL | 最大值 | 42.27 | 35.12 | 1.75 | 3.98 | 1.78 | 1.21 | 0.87 | 26.95 | 31.08 | 8.11 |
| | 最小值 | 35.85 | 29.06 | 1.24 | 1.33 | 1.24 | 0.22 | 0.80 | 10.09 | 22.95 | 1.02 |
| | 平均值 | 39.68 | 33.08 | 1.49 | 2.66 | 1.46 | 0.71 | 0.83 | 17.60 | 26.98 | 3.43 |
| BF | 最大值 | 32.50 | 27.76 | 2.61 | 5.62 | 1.71 | 0.65 | 0.89 | 6.77 | 14.57 | 7.38 |
| | 最小值 | 24.34 | 21.65 | 2.23 | 3.85 | 1.40 | 0.19 | 0.84 | 4.66 | 9.33 | 2.63 |
| | 平均值 | 27.27 | 23.66 | 2.40 | 4.70 | 1.53 | 0.39 | 0.87 | 5.90 | 11.49 | 4.68 |
| HF | 最大值 | 9.35 | 8.40 | 3.38 | 6.30 | 1.64 | 0.29 | 0.90 | 1.71 | 2.77 | 8.43 |
| | 最小值 | 9.08 | 8.17 | 3.38 | 5.46 | 1.60 | 0.19 | 0.90 | 1.44 | 2.69 | 5.64 |
| | 平均值 | 9.22 | 8.29 | 3.38 | 5.88 | 1.62 | 0.24 | 0.90 | 1.58 | 2.73 | 7.03 |
| V | 最大值 | 44.87 | 32.13 | 2.69 | 4.88 | 1.68 | 0.52 | 0.84 | 21.78 | 33.99 | 5.59 |
| | 最小值 | 25.20 | 20.57 | 1.32 | 2.06 | 1.29 | 0.23 | 0.72 | 5.87 | 9.37 | 3.22 |
| | 平均值 | 34.73 | 27.39 | 2.07 | 3.80 | 1.54 | 0.40 | 0.80 | 10.87 | 19.03 | 4.06 |
| S | 最大值 | 43.84 | 30.31 | 1.04 | 1.22 | 1.55 | 0.45 | 0.72 | 46.14 | 44.28 | 8.17 |
| | 最小值 | 40.14 | 28.91 | 0.99 | 0.87 | 1.29 | 0.19 | 0.69 | 35.93 | 38.60 | 2.86 |
| | 平均值 | 41.99 | 29.61 | 1.02 | 1.05 | 1.42 | 0.32 | 0.71 | 41.04 | 41.44 | 5.51 |
| CXK | 最大值 | 44.95 | 35.14 | 1.55 | 2.94 | 1.60 | 0.77 | 0.81 | 19.33 | 35.33 | 2.97 |
| | 最小值 | 40.98 | 33.31 | 1.16 | 2.12 | 1.48 | 0.54 | 0.78 | 15.29 | 29.00 | 1.92 |
| | 平均值 | 42.97 | 34.23 | 1.36 | 2.53 | 1.54 | 0.66 | 0.80 | 17.31 | 32.17 | 2.44 |
| BK | 最大值 | 36.40 | 30.72 | 1.97 | 3.82 | 1.39 | 0.75 | 0.89 | 9.93 | 18.48 | 2.68 |
| | 最小值 | 31.54 | 28.07 | 1.94 | 3.52 | 1.17 | 0.52 | 0.80 | 8.96 | 16.26 | 1.85 |
| | 平均值 | 34.30 | 29.33 | 1.96 | 3.62 | 1.32 | 0.63 | 0.86 | 9.47 | 17.52 | 2.15 |
| GY | 最大值 | 44.07 | 35.30 | 1.98 | 3.18 | 2.31 | 0.54 | 0.80 | 16.07 | 29.19 | 12.14 |
| | 最小值 | 26.20 | 18.78 | 1.51 | 1.63 | 1.48 | 0.19 | 0.72 | 13.86 | 13.23 | 2.74 |
| | 平均值 | 35.14 | 27.04 | 1.75 | 2.41 | 1.89 | 0.37 | 0.76 | 14.97 | 21.21 | 7.44 |
| 总平均值 | | 35.53 | 28.63 | 1.78 | 3.09 | 1.58 | 0.53 | 0.81 | 15.96 | 23.32 | 4.16 |

从表5-2、表5-3及图5-1~图5-5来看，总体有以下一些规律：

（1）正组烟中，其柠色组烟叶的总糖、还原糖与氯离子含量、糖碱比及糖氮比总体高于橘色组烟叶，而总氮、烟碱、钾氯比则总体低于橘色组烟叶，还原糖/总糖的比值无显著规律。

（2）正组烟中，其柠色组中部烟叶的总糖、还原糖含量普遍高于上部烟叶和下部烟叶，而橘色组的总糖以下部烟最高，其次为中部烟叶、上部烟叶；而烟碱及总氮的含量则总体按烟叶的着生部位从下部烟叶、中部烟叶到上部烟叶依次升高，规律性明显，还原糖与总糖比值亦有类似的规律性；糖碱比、糖氮比与烟叶的着生部位亦有较大的相关性，按下部烟叶、中部烟叶、上部烟叶总体为依次降低的关系。

（3）在同一组别中，除少数例外，大部分烟叶的总糖、还原糖、烟碱含量及糖氮比与其等级有较大的相关性，总体表现为依烟叶等级从高到低，上述化学成分有逐次降低的总体趋势。

（4）从化学成分上看，完熟烟叶H1F、H2F因田间生长期过长而导致其化学成分极其特殊，具有低糖、高烟碱、糖碱比及糖氮比极低的特点，其常规烟草化学成分已很不协调，考虑到完熟烟叶在实际收购时也极为少见，且生产加工时造价大、利用率低，故在做数据分析时，将H1F、H2F两个完熟烟叶等级剔除。

（5）从反映烟叶燃烧性的指标——钾氯比值来看，完熟（HF）、中部橘黄（CF）、下部橘黄（XF）、青黄色（GY）、光滑叶（S）等组别烟叶的钾氯比较高，其次为上部柠檬黄（BL）和微带青（V）组烟叶，而一些较低等级如中下部杂色（CXK）、上部杂色（BK）及中部柠檬黄（CL）等组别烟叶的钾氯比则相对低些，这也是这些烟叶在评吸时其燃烧性及灰色略有影响的原因（详见第六章）。

（6）从化学成分来看，光滑叶（S）组烟叶的总糖、还原糖含量也较高，但其烟碱、总氮、还原糖与总糖比值均较低，且糖碱比及糖氮比还有显著偏高的特点，其常规烟草化学成分的协调性不佳，故可预计此组烟叶的内在感官抽吸质量不太理想。

（7）仅从正副组烟叶化学成分的平均值及变化范围来看（已剔除完熟组烟

叶的影响），正副组烟叶的总体差异并不大。但从烟叶个体及细分组别来看，以总糖、还原糖、烟碱、总氮等的含量并结合其两糖（还原糖和总糖）、糖碱、糖氮、钾氯等比值综合判断，中下部杂色（CXK）、上部杂色（BK）、光滑叶（S）、微带青（V）、青黄色（GY）组烟叶在烟草化学成分的协调性上总体还是不及正组烟叶合理，此分析结果与这些烟叶的内在感官评吸质量及可用性评价的结果基本对应。

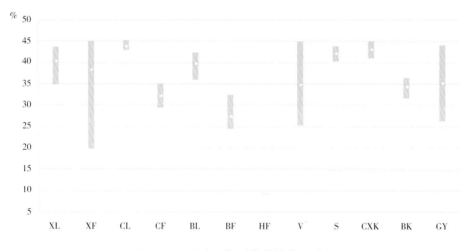

图5-1　不同组别烟叶的总糖含量对比图

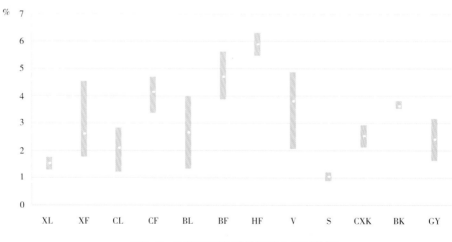

图5-2　不同组别烟叶的烟碱含量对比图

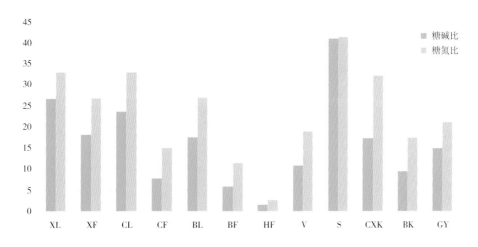

图5-3 不同组别烟叶糖碱比及糖氮比均值对比图

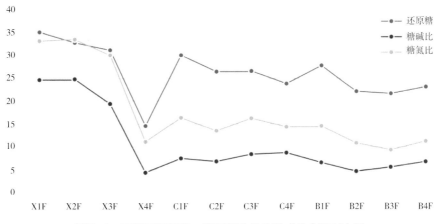

图5-4 正组不同部位、等级烟叶的化学成分含量对比图一

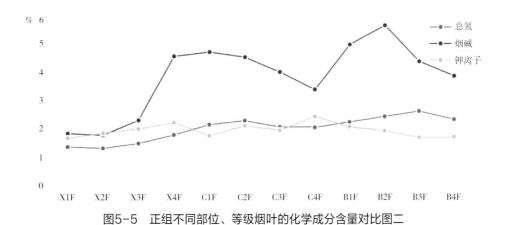

图5-5 正组不同部位、等级烟叶的化学成分含量对比图二

表5-3 正副组烟叶样品的常规烟草化学成分比较

| 正副组 | | 总糖/% | 还原糖/% | 总氮(N)/% | 烟碱/% | 氧化钾(K₂O)/% | 水溶性氯(Cl⁻)/% | 还原糖/总糖 | 糖碱比 | 糖氮比 | 钾氯比 |
|---|---|---|---|---|---|---|---|---|---|---|---|
| 正组烟 | 最大值 | 45.21 | 39.52 | 2.61 | 5.62 | 2.47 | 1.30 | 0.95 | 36.07 | 38.64 | 11.00 |
| | 最小值 | 19.71 | 14.55 | 1.16 | 1.21 | 1.32 | 0.16 | 0.70 | 4.34 | 9.33 | 1.23 |
| | 平均值 | 36.89 | 30.03 | 1.68 | 2.95 | 1.93 | 0.58 | 0.82 | 16.69 | 24.41 | 4.75 |
| 副组烟 | 最大值 | 44.95 | 35.30 | 2.69 | 4.88 | 2.78 | 0.77 | 0.89 | 46.14 | 44.28 | 14.63 |
| | 最小值 | 25.20 | 18.78 | 0.99 | 0.87 | 1.41 | 0.19 | 0.69 | 5.87 | 9.37 | 2.23 |
| | 平均值 | 37.08 | 29.18 | 1.72 | 2.93 | 1.84 | 0.47 | 0.79 | 16.81 | 24.49 | 4.96 |
| 总平均值 | | 36.96 | 29.73 | 1.69 | 2.94 | 1.90 | 0.54 | 0.81 | 16.73 | 24.44 | 4.82 |

## 2. 按大等级分类分析

将H1F、H2F两个完熟烟叶等级剔除后，参考烟草行业烤烟收购相关政策，其余37个等级烟叶样品又可具体再分为包含C1F、C2F、C3F、C1L、C2L、B1F、B2F、B1L、X1F共9个等级的上等烟叶，包含C3L、X2F、C4F、C4L、X3F、X1L、X2L、B3F、B4F、B2L、B3L、X2V、C3V、B2V、B3V、S1共16个等级的中等烟叶，包含B4L、X3L、X4L、X4F、S2、CX1K、CX2K、B1K、B2K、GY1共10个等级的下等烟叶，以及B3K、GY2共2个等级的低等烟叶，将上述四个大等级的烟叶样品归类后对其常规烟草化学成分（平均值）进行对比，其统计结果详见表5-4，各大等级烟叶的还原糖含量、烟碱含量、还原糖/总糖、糖氮比对比图见图5-6~图5-9。

表5-4 大等级烟叶样品的常规烟草化学成分比较

| 大等级 | | 总糖/% | 还原糖/% | 总氮(N)/% | 烟碱/% | 氧化钾(K₂O)/% | 水溶性氯(Cl⁻)/% | 还原糖/总糖 | 糖碱比 | 糖氮比 | 钾氯比 |
|---|---|---|---|---|---|---|---|---|---|---|---|
| 上等烟 | 最大值 | 45.08 | 39.52 | 2.42 | 5.62 | 2.10 | 0.94 | 0.92 | 24.63 | 33.15 | 10.44 |
| | 最小值 | 26.18 | 22.12 | 1.36 | 1.83 | 1.32 | 0.16 | 0.78 | 4.66 | 10.82 | 1.69 |
| | 平均值 | 36.57 | 31.08 | 1.93 | 3.90 | 1.76 | 0.57 | 0.85 | 11.08 | 20.34 | 4.40 |
| 中等烟 | 最大值 | 45.21 | 35.17 | 2.69 | 4.88 | 2.47 | 1.21 | 0.89 | 36.07 | 44.28 | 11.00 |
| | 最小值 | 24.34 | 20.57 | 0.99 | 1.21 | 1.49 | 0.19 | 0.69 | 5.58 | 9.33 | 1.23 |
| | 平均值 | 38.07 | 29.58 | 1.68 | 2.70 | 1.94 | 0.48 | 0.79 | 18.76 | 26.34 | 5.05 |

表5-4（续）

| 大等级 | | 总糖/% | 还原糖/% | 总氮(N)/% | 烟碱/% | 氧化钾(K₂O)/% | 水溶性氯(Cl⁻)/% | 还原糖/总糖 | 糖碱比 | 糖氮比 | 钾氯比 |
|---|---|---|---|---|---|---|---|---|---|---|---|
| 下等烟 | 最大值 | 44.95 | 35.30 | 1.97 | 4.54 | 2.21 | 1.30 | 0.95 | 46.14 | 38.60 | 9.84 |
| | 最小值 | 19.71 | 14.55 | 1.04 | 0.87 | 1.67 | 0.19 | 0.72 | 4.34 | 11.07 | 1.58 |
| | 平均值 | 37.14 | 30.00 | 1.46 | 2.54 | 1.91 | 0.64 | 0.81 | 19.43 | 27.01 | 4.11 |
| 低等烟 | 最大值 | 31.54 | 28.07 | 1.98 | 3.52 | 2.78 | 0.61 | 0.89 | 16.07 | 16.26 | 14.63 |
| | 最小值 | 26.20 | 18.78 | 1.94 | 1.63 | 1.41 | 0.19 | 0.72 | 8.96 | 13.23 | 2.31 |
| | 平均值 | 28.87 | 23.43 | 1.96 | 2.58 | 2.10 | 0.40 | 0.81 | 12.52 | 14.75 | 8.47 |
| 总平均值 | | 36.96 | 29.73 | 1.69 | 2.94 | 1.90 | 0.54 | 0.81 | 16.73 | 24.44 | 4.82 |

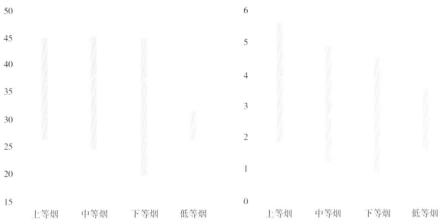

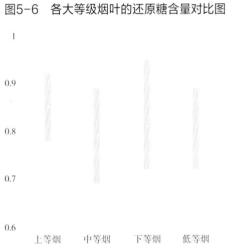

图5-6　各大等级烟叶的还原糖含量对比图　图5-7　各大等级烟叶的烟碱含量对比图

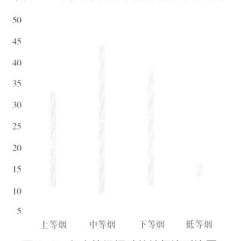

图5-8　各大等级烟叶的还原糖/总糖对比图　图5-9　各大等级烟叶的糖氮比对比图

从上表检测结果及上述图例来看，总体有以下一些规律：

（1）上等烟的还原糖平均值在各大等级的烟叶中最高，总糖平均值处于合理水平；而低等烟的总糖与还原糖含量均较低，总体与其田间生长期烟叶发育不良、淀粉转化不够充分、有效干物质积累较少的特征相对应。

（2）从烟碱含量来看，以上等烟的平均值最高，中等烟的烟碱水平亦略高于下等烟和低等烟，由此可总体预判这些烟叶在评吸时的烟气特征、生理强度。

（3）从两糖（还原糖和总糖）及糖氮比值来看，以上等烟的两糖（还原糖和总糖）比最高、而糖氮比又极为适宜，可以基本判定此类上等烟的内在感官抽吸质量及可用性最佳。

（4）就低等烟而言，一方面其总糖及还原糖的含量较低，另一方面总氮与烟碱含量相对较高，故分析结果中该类烟叶的糖氮、糖碱的比值最低，其常规烟草化学成分的平衡性显然不及高等级的烟叶。

第六章

内在感官质量评价

将初步平衡过后的烟叶样品经润叶、切丝、卷制成单料烟支后，按GB/T 16447—2004《烟草及烟草制品 调节和测试的大气环境》中的相关要求，在温度22℃、相对湿度60％的大气环境下平衡48h以上，参考烟草行业"（九分制）标度值"单料烟评吸方法并结合卷烟配方工作经验，分别从香型、香气质、香气量、浓度、刺激性、杂气、劲头、余味、燃烧性、灰色、使用价值、工业适用性等维度对云南大理39个等级的红大品种烟叶样品的内在感官质量进行定量评价和定性评述。烟叶样品内在感官质量的定量评价与定性评述所对应的"标度值"及具体描述性术语详见表6-1。其中，在评价单料烟的劲头时若适中则其分值最高，同时该项的分值以其右上角的"+""−"上标符号分别标识劲头的偏大或偏小；内在感官质量的各单项定量评价以0.5分为最小计分单位，分值范围1分~9分，总分90分。表6-2是上述各烟叶样品定量评价汇总结果。正组不同部位、等级烟叶的内在感官质量定量评价结果对比图见图6-1。

表6-1 烟叶样品内在感官质量检验定量评价与定性评述对应表

| 标度值 | 香气质 | 香气量 | 浓度 | 刺激性 | 杂气 | 劲头 | 余味 | 燃烧性 | 灰色 | 使用价值 |
|---|---|---|---|---|---|---|---|---|---|---|
| 9 | 很好 | 充足 | 很浓 | 很小 | 很轻 | 适中 | 很好 | 很好 | 白 | 很好 |
| 8 | 好 | 足 | 浓 | 小 | 轻 | 适中偏大或偏小 | 好 | 好 | 白 | 好 |
| 7 | 较好 | 较足 | 较浓 | 较小 | 较轻 | | 较好 | 较好 | 白 | 较好 |
| 6 | 稍好 | 尚足 | 稍浓 | 稍小 | 尚轻 | 稍大或稍小 | 稍好 | 稍好 | 灰白 | 稍好 |
| 5 | 中 | 中 | 中 | 中 | 中 | | 中 | 中 | 灰白 | 中 |
| 4 | 稍差 | 稍有 | 稍淡 | 稍大 | 稍重 | | 稍差 | 稍差 | 灰白 | 稍差 |
| 3 | 较差 | 较淡 | 较淡 | 较大 | 较重 | 很大或很小 | 较差 | 较差 | 黑 | 较差 |
| 2 | 差 | 平淡 | 淡 | 大 | 重 | | 差 | 差 | 黑 | 差 |
| 1 | 很差 | 很平淡 | 很淡 | 很大 | 很重 | | 很差 | 很差 | 黑 | 很差 |

表6-2　大理红大烟叶样品内在感官质量定量评价结果汇总表

| 序号 | 烟样 | 香气质 | 香气量 | 浓度 | 刺激性 | 杂气 | 劲头 | 余味 | 燃烧性 | 灰色 | 使用价值 | 总分 |
|---|---|---|---|---|---|---|---|---|---|---|---|---|
| 1 | X1L | 7.0 | 6.5 | 7.0 | 6.5 | 6.5 | 8.0⁻ | 6.5 | 8.0 | 8.0 | 6.5 | 70.5 |
| 2 | X2L | 6.0 | 6.0 | 6.5 | 6.0 | 6.0 | 8.0⁻ | 6.0 | 8.0 | 8.0 | 6.0 | 66.5 |
| 3 | X3L | 5.5 | 5.5 | 6.0 | 5.5 | 5.5 | 8.0⁻ | 5.5 | 8.0 | 8.0 | 5.5 | 63.0 |
| 4 | X4L | 5.0 | 4.5 | 5.0 | 5.0 | 4.5 | 7.0⁻ | 5.0 | 8.0 | 7.5 | 4.5 | 56.0 |
| 5 | X1F | 7.0 | 7.0 | 7.0 | 7.0 | 7.0 | 7.5⁻ | 7.0 | 8.0 | 8.0 | 7.0 | 72.5 |
| 6 | X2F | 6.5 | 6.5 | 6.5 | 7.0 | 7.0 | 8.0⁻ | 6.5 | 8.0 | 8.0 | 6.5 | 70.5 |
| 7 | X3F | 6.0 | 6.0 | 6.0 | 6.0 | 6.5 | 8.5⁺ | 6.5 | 8.0 | 8.0 | 6.0 | 67.5 |
| 8 | X4F | 5.5 | 5.5 | 5.0 | 5.5 | 5.0 | 8.0⁺ | 5.5 | 8.0 | 7.5 | 5.0 | 60.5 |
| 9 | C1L | 8.0 | 7.5 | 7.5 | 8.0 | 7.5 | 8.5⁻ | 7.5 | 8.0 | 8.0 | 7.5 | 78.0 |
| 10 | C2L | 7.5 | 7.5 | 7.5 | 7.5 | 7.5 | 8.5⁺ | 7.5 | 8.0 | 8.0 | 7.5 | 77.0 |
| 11 | C3L | 7.5 | 7.0 | 7.0 | 7.0 | 7.0 | 8.0⁺ | 7.0 | 8.0 | 8.0 | 7.0 | 73.5 |
| 12 | C4L | 7.0 | 6.5 | 6.5 | 7.0 | 6.5 | 8.5⁺ | 7.0 | 8.0 | 7.5 | 6.5 | 71.0 |
| 13 | C1F | 8.5 | 8.5 | 8.0 | 8.5 | 8.5 | 8.0⁻ | 8.5 | 8.0 | 8.0 | 8.5 | 83.0 |
| 14 | C2F | 8.0 | 8.0 | 8.0 | 8.0 | 8.0 | 8.5⁺ | 8.0 | 8.0 | 8.0 | 8.0 | 80.5 |
| 15 | C3F | 8.0 | 7.5 | 7.5 | 8.0 | 7.5 | 8.0⁺ | 7.5 | 8.0 | 8.0 | 7.5 | 77.5 |
| 16 | C4F | 7.0 | 7.0 | 7.0 | 7.5 | 7.0 | 8.0⁺ | 7.0 | 8.0 | 8.0 | 7.0 | 73.5 |
| 17 | B1L | 7.5 | 7.0 | 7.5 | 7.0 | 7.0 | 8.0⁺ | 7.5 | 8.0 | 7.5 | 7.0 | 74.0 |
| 18 | B2L | 7.0 | 7.0 | 7.0 | 7.0 | 7.0 | 8.0⁻ | 7.5 | 7.5 | 7.5 | 7.0 | 72.5 |
| 19 | B3L | 6.5 | 6.5 | 6.5 | 6.5 | 6.5 | 8.0⁻ | 7.0 | 8.0 | 8.0 | 6.5 | 70.0 |
| 20 | B4L | 6.0 | 5.5 | 6.0 | 6.0 | 5.5 | 7.5⁻ | 6.0 | 8.0 | 8.0 | 5.5 | 64.0 |

表6-2（续）

| 序号 | 烟样 | 香气质 | 香气量 | 浓度 | 刺激性 | 杂气 | 劲头 | 余味 | 燃烧性 | 灰色 | 使用价值 | 总分 |
|---|---|---|---|---|---|---|---|---|---|---|---|---|
| 21 | B1F | 8.0 | 8.0 | 8.0 | 7.5 | 8.0 | 8.0$^+$ | 8.0 | 8.0 | 8.0 | 8.0 | 79.5 |
| 22 | B2F | 7.5 | 7.5 | 7.5 | 7.5 | 7.5 | 8.5$^+$ | 7.5 | 8.0 | 8.0 | 7.5 | 77.0 |
| 23 | B3F | 7.0 | 6.5 | 7.0 | 6.5 | 6.5 | 8.0$^+$ | 6.5 | 8.0 | 8.0 | 6.5 | 70.5 |
| 24 | B4F | 6.0 | 6.0 | 6.5 | 6.0 | 6.0 | 8.0$^+$ | 6.0 | 8.0 | 7.5 | 6.0 | 66.0 |
| 25 | H1F | 7.0 | 6.5 | 7.0 | 6.0 | 6.5 | 6.5$^+$ | 6.5 | 8.0 | 8.0 | 6.5 | 68.5 |
| 26 | H2F | 6.5 | 6.5 | 7.0 | 6.0 | 6.5 | 7.0$^+$ | 6.0 | 8.0 | 8.0 | 6.0 | 67.5 |
| 27 | X2V | 5.5 | 5.5 | 5.5 | 6.0 | 5.5 | 7.5$^-$ | 6.0 | 8.0 | 8.0 | 5.5 | 63.0 |
| 28 | C3V | 6.5 | 6.5 | 6.5 | 6.5 | 6.5 | 8.5$^-$ | 7.0 | 8.0 | 8.0 | 6.5 | 70.5 |
| 29 | B2V | 5.5 | 6.0 | 5.5 | 5.5 | 5.0 | 8.0$^+$ | 5.5 | 8.0 | 8.0 | 5.5 | 62.5 |
| 30 | B3V | 5.0 | 5.5 | 5.0 | 5.5 | 5.0 | 8.0$^+$ | 5.0 | 8.0 | 8.0 | 5.0 | 60.0 |
| 31 | S1 | 6.0 | 5.5 | 5.5 | 6.0 | 5.5 | 8.5$^+$ | 5.5 | 8.0 | 8.0 | 5.5 | 64.0 |
| 32 | S2 | 5.0 | 5.0 | 5.5 | 5.0 | 5.0 | 8.5$^+$ | 5.0 | 8.0 | 8.0 | 5.0 | 60.0 |
| 33 | CX1K | 5.5 | 5.5 | 5.5 | 5.5 | 5.5 | 8.0$^+$ | 5.5 | 8.0 | 7.5 | 5.5 | 62.0 |
| 34 | CX2K | 4.5 | 5.0 | 5.0 | 5.0 | 5.0 | 8.0$^+$ | 5.0 | 8.0 | 8.0 | 4.5 | 58.0 |
| 35 | B1K | 5.0 | 5.5 | 5.5 | 5.0 | 5.0 | 7.5$^+$ | 5.0 | 8.0 | 7.5 | 5.0 | 59.0 |
| 36 | B2K | 4.5 | 4.5 | 5.0 | 4.5 | 4.0 | 7.5$^+$ | 5.0 | 8.0 | 7.5 | 4.5 | 55.0 |
| 37 | B3K | 4.0 | 4.0 | 4.5 | 4.0 | 4.0 | 7.5$^+$ | 4.0 | 8.0 | 7.0 | 4.0 | 51.0 |
| 38 | GY1 | 4.5 | 4.5 | 4.5 | 4.0 | 4.5 | 8.0$^-$ | 4.5 | 8.0 | 8.0 | 4.5 | 55.0 |
| 39 | GY2 | 4.0 | 4.0 | 4.0 | 4.0 | 4.0 | 8.0$^-$ | 4.0 | 8.0 | 8.0 | 4.0 | 52.0 |

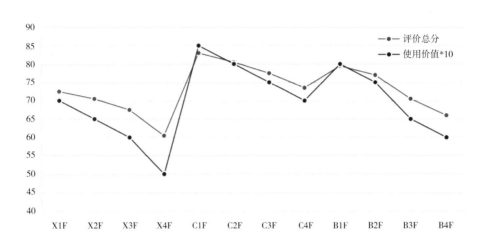

图6-1　正组不同部位、不同等级烟叶的内在感官质量定量评价结果对比图

各烟叶样品内在感官质量的定性评述具体如下：

1. X1L：清香型，香气质较好，香气尚饱满、尚充足，透发性好，干草香、清甜香、青香较明显，稍烘烤香、木香、蜜甜香，烟气稍浓，口腔、鼻腔稍刺激，杂气尚轻，稍有木质气、微枯焦气，劲头适中稍偏小，余味稍净、舌尖稍残留，稍有回甜感，燃烧性好，灰色白，使用价值和工业适用性稍好，适宜做配料烟及填充料烟。

2. X2L：清香型，香气尚细腻，烟香尚饱满，带干草香、青香及清甜香，稍烘烤香、木香，烟气稍浓，鼻腔、口腔稍刺激，有木质气、稍有枯焦气，劲头适中稍偏小，余味尚净、舌尖稍残留，稍回甜，燃烧性好，灰色白，使用价值和工业适用性稍好，适宜做填充料烟。

3. X3L：清香型，香气质、量中上，带干草香、清甜香，稍烘烤香、木香、蜜甜香，烟气浓度稍好，鼻腔、口腔、喉部稍有刺激，有枯焦、木质气，劲头适中稍偏小，余味尚净、舌尖与舌侧稍有残留，稍回甜，燃烧性好，灰色白，使用价值和工业适用性中上，适宜做填充料烟。

4. X4L：清香型，香气质中，香气稍有、欠厚实，透发性一般，稍有干草香、青香，微清甜香、木香，烟气浓度中，鼻腔、口腔、喉部有刺激，枯焦、枯杂、木质气略显，劲头适中略偏小，舌面残留稍显，燃烧性好，灰色尚白，使用价值和工业适用性稍差，适宜做填充料烟。

5. X1F：清香型，香气较细腻，烟香较饱满、尚充足，透发性较好，干草香、青香、清甜香较明显，稍烘烤香、蜜甜香、木香，烟气较浓，鼻腔、口腔微刺激，杂气较轻，稍枯焦、生青、木质气，劲头适中偏小，余味较干净、舌尖微有残留，稍有回甜感，燃烧性好，灰色白，使用价值和工业适用性尚好，适宜做配料烟。

6. X2F：清香型，香气质尚好，香气尚饱满、尚充足，透发性较好，干草香、清甜香、青香较明显，稍烘烤香、木香，微蜜甜香，烟气稍浓，口腔、鼻腔稍微刺激，杂气尚轻，稍有木质气、微枯焦气，劲头适中稍偏小，余味稍净、舌面稍残留，稍有回甜感，燃烧性好，灰色白，使用价值和工业适用性稍好，适宜做配料烟及填充料烟。

7. X3F：清香型，香气质稍好，香气量尚充足，烟香欠厚实，透发性尚好，带干草香、清甜香、青香，稍烘烤香、醇甜香及木香，烟气稍浓，鼻腔、口腔稍有刺激，稍有木质及枯焦气，劲头适中，舌面稍有残留，稍回甜感，燃烧性好，灰色白，使用价值和工业适用性稍好，适宜做填充料烟。

8. X4F：清香型，香气质、量中等偏上，香气略短，有干草香、青香、清甜香、焦烤香、木香，烟气浓度中，鼻腔、口腔刺激稍显，枯杂、枯焦与木质气稍显，劲头适中稍偏大，舌尖与舌侧残留稍明显，燃烧性好，灰色尚白，使用价值和工业适用性中等，适宜做填充料烟。

9. C1L：清香型，香气细腻，烟香饱满、较充足，透发性好，干草香、青香明显，清甜香突出，稍带焦烤香、干果香，稍透成熟烟香，烟气浓，刺激性小，杂气较轻、微枯焦气，劲头适中，余味干净、舒适，回甜、生津感较好，燃烧性好，灰色白，使用价值和工业适用性好，适宜做主料烟和次主料烟。

10. C2L：清香型，香气较细腻，烟香较饱满、较充足，透发性好，干草香、青香、清甜香明显，稍烘烤香、醇甜香，稍透成熟烟香，烟气较浓，刺激性较小，喉部、鼻腔微有刺激，杂气较轻，微似枯焦杂气，劲头适中，余味干净、较舒适，稍有回甜感，燃烧性好，灰色白，使用价值和工业适用性较好，适宜做次主料烟或配料烟。

11. C3L：清香型，香气较细腻，烟香较饱满、尚充足，透发性较好，干草香、青香、清甜香较明显，稍烘烤香、醇甜香、木香，烟气较浓，微有刺激性、杂气较轻，稍生青、枯焦气，劲头适中稍偏小，余味较干净、舌面微有残留，稍有回甜感，燃烧性好，灰色白，使用价值和工业适用性较好，适宜做次主料烟或配料烟。

12. C4L：清香型，香气质较好，香气尚饱满、尚充足，带干草香、青香及清甜香，稍烘烤香、醇甜香、木香，微带焦甜，烟气尚浓，鼻腔微有刺激，稍有枯焦、生青与木质气，劲头适中，余味尚净，舌面稍有残留，稍回甜，燃烧性好，灰色尚白，使用价值和工业适用性稍好，适宜做配料烟或填充料烟。

13. C1F：清香型，香气细腻，烟香饱满、充足、厚实，干草香、青香明显，清甜香突出，有烘烤香微带焦甜香，成熟烟香明显，烟气浓，烟气柔和、刺激性小，杂气轻，劲头适中稍偏小，余味干净、舒适，回甜、生津感好，燃烧性好，灰色白，使用价值和工业适用性好，适宜做主料烟和调味料烟。

14. C2F：清香型，香气细腻，烟香饱满、充足、厚实性较好，干草香、青香明显，清甜香突出，稍带烘烤香、焦甜香，透成熟烟香，烟气浓，刺激性小，鼻腔微刺激，杂气轻，劲头适中，余味干净、舒适，回甜，生津感较好，燃烧性好，灰色白，使用价值和工业适用性好，适宜做主料烟和调味料烟。

15. C3F：清香型，香气细腻，烟香饱满、较充足，透发性好，干草香、青香明显，清甜香较突出，稍烘烤香、焦甜香，烟气较浓，鼻腔微有刺激，杂气较轻，微枯焦气，劲头适中稍偏大，余味干净、较舒适，稍回甜，微生津，燃烧性好，灰色白，使用价值和工业适用性较好，适宜做主料烟或次主料烟。

16. C4F：清香型，香气质较好，香气较充足，较透发，干草香、清甜香、青香较明显，稍烘烤香、焦甜香、木香，烟气较浓，刺激性较小，稍枯焦杂气，劲头适中稍偏大，余味较干净、舌尖微有残留，稍回甜，微有生津感，燃烧性好，灰色白，使用价值和工业适用性尚好，适宜做配料烟。

17. B1L：清香型，香气质较好，香气较饱满尚充足，带干草香、清甜香、青香、木香，稍烘烤香、干果香，微蜜甜香及纯甜香，烟气较浓，刺激性较小，微青杂与焦枯气，劲头适中稍偏大，余味较净、舌尖微残留，稍回甜，燃烧性好，灰色较白，使用价值和工业适用性较好，适宜做次主料烟或配料烟。

18. B2L：清香型，香气质尚好，香气较饱满尚充足，带干草香、清甜香、青香，稍烘烤香、木香、微蜜甜香，烟气较浓，刺激性较小，微似焦枯气，劲头适中稍偏小，余味较净、稍回甜、有生津感，燃烧性较好，灰色较白，使用价值和工业适用性较好，适宜做次主料烟或配料烟。

19. B3L：清香型，香气质稍好，香气量尚足，有干草香、清甜香、青香，稍带醇甜香、烘烤香、木香，烟气稍浓，鼻腔、口腔稍有刺激性，稍有木质气、微枯焦气，劲头适中稍偏小，稍残留、余味稍回甜，燃烧性好，灰色白，使用价值和工业适用性稍好，适宜做配料烟。

20. B4L：清香型，香气质稍好，香气量中上，有干草香、清甜香、青香、烘烤香，稍醇甜香、木香、果香，烟气稍浓，鼻腔、口腔稍有刺激，枯焦、生青、青杂气稍显，劲头适中略偏小，稍有残留、余味微回甜，燃烧性好，灰色白，使用价值和工业适用性中上，适宜做配料烟和填充料烟。

21. B1F：清香型，香气细腻，烟香饱满、充足、厚实性好，干草香、青香明显，清甜香突出，带烘烤香、焦甜香、微蜜甜，透成熟烟香，烟气浓，刺激性小，鼻腔微刺激，杂气轻，微似枯焦，劲头适中稍偏大，余味干净、舒适、回甜，生津感较好，燃烧性好，灰色白，使用价值和工业适用性好，适宜做主料烟和调味料烟。

22. B2F：清香型，香气较细腻，烟香较饱满、较充足，透发性较好，干草香、青香明显，清甜香较突出，稍烘烤香、焦甜香，烟气较浓，鼻腔、口腔微有刺激，杂气较小，微枯焦气，劲头适中，余味干净、较舒适，有回甜感，燃烧性好，灰色白，使用价值和工业适用性较好，适宜做主料烟。

23. B3F：清香型，香气质尚好，香气尚充足，带干草香、清甜香、青香，稍烘烤香、蜜甜香、木香，烟气较浓，刺激性有，稍焦枯气息，劲头适中稍偏大，余味尚净、稍残留，燃烧性好，灰色白，使用价值和工业适用性尚好，适宜做配料烟。

24. B4F：清香型，香气质稍好，香气量尚足，有干草香、清甜香、青香，带烘烤香、焦甜香、木香，烟气稍浓，鼻腔、口腔有刺激性，稍有枯焦气，劲头适中稍偏大，稍有残留、余味微苦，燃烧性好，灰色尚白，使用价值和工业适用性稍好，适宜做配料烟或填充料。

25. H1F：清香型，香气质较好，香气较充足，带干草香、清甜香、焦烤香，稍焦甜香、木香，烟气较浓，鼻腔、口腔、喉部有刺激，有焦枯气息，劲头稍大，余味尚净、舌尖微有残留，燃烧性好，灰色白，使用价值和工业适用性稍好，适宜做配料烟（提升劲头）。

26. H2F：清香型，香气质稍好，香气较充足，带干草香、清甜香、烘烤香，稍焦甜香、木香，烟气较浓，鼻腔、口腔、喉部有刺激，有焦枯气息，劲头适中偏大，余味尚净、舌面稍残留，燃烧性好，灰色白，使用价值和工业适用性稍好，适宜做配料烟（提升劲头）。

27. X2V：清香型，香气质中上，香气量中上，带干草香、清甜香、青香，稍烘烤香、蜜甜香及木香，烟气浓度中上，鼻腔稍有刺激，有木质、枯焦杂气，劲头适中略偏小，余味尚净、舌面稍有残留，稍有回甜感，燃烧性好，灰色白，使用价值和工业适用性中上，适宜做填充料烟。

28. C3V：清香型，香气质尚好，香气尚饱满、尚充足，带干草香、青香、清甜香，稍烘烤香、焦甜香、木香，烟气尚浓，鼻腔、口腔稍刺激，稍枯焦与木质气，劲头适中，余味较净，舌尖稍微残留，稍回甜，燃烧性好，灰色白，使用价值和工业适用性稍好，适宜做配料烟和填充料烟。

29. B2V：清香型，香气质中上，香气尚饱满、尚充足，透发性尚好，带干草香、青香，稍烘烤香、焦甜香及木香，烟气稍浓，鼻腔、口腔有刺激，枯焦、枯杂、青杂气稍明显，微土腥气，劲头适中稍偏大，舌面有一定残留，稍微回甜，燃烧性较好，灰色白，使用价值和工业适用性中上，适宜做填充料。

30. B3V：清香型，香气质中，香气量中等，有干草香、清甜香、青香、烘烤香，稍蜜甜香、木香，烟气浓度中上，鼻腔、口腔有刺激性，青杂与枯焦气稍显，劲头适中稍偏大，舌面有残留，燃烧性较好，灰色白，使用价值和工业适用性中，适宜做填充料。

31. S1：清香型，香气质稍好，香气量中上，有干草香、清甜香、烘烤香，稍蜜甜香、木香，烟气浓度中上，鼻腔稍有刺激，稍青杂与枯焦气，劲头适中，舌面稍有残留，稍回甜，燃烧性较好，灰色白，使用价值和工业适用性中等偏上，适宜做填充料。

32. S2：清香型，香气质、量中等，有干草香、青香、清甜香、焦烤香、木香，烟气浓度中上，鼻腔、口腔、喉部刺激稍显，枯杂、青杂与木质气稍显，劲头适中，舌面舌尖残留稍明显，燃烧性好，灰色白，使用价值和工业适用性中等，适宜做填充料烟。

33. CX1K：清香型，香气质、量中等偏上，有干草香、青香、清甜香、焦烤香、木香，烟气浓度中上，鼻腔、口腔刺激稍显，枯杂、枯焦与木质气稍显，劲头适中稍偏大，舌面残留稍明显，微回甜，燃烧性好，灰色尚白，使用价值和工业适用性中等偏上，适宜做填充料烟。

34. CX2K：清香型，香气质稍差，香气量中、略薄，稍有干草香、青香、烘烤香及木香，稍清甜香，烟气浓度中，鼻腔、喉部刺激稍明显，枯杂、青杂、木质气稍显，劲头适中偏大，舌面残留稍显，燃烧性好，灰色白，使用价值和工业适用性稍差，适宜做填充料烟。

35. B1K：清香型，香气质中，香气量中上，有干草香、青香、清甜香、焦烤香、木香，烟气浓度中上，鼻腔、口腔刺激稍显，枯焦与枯杂气稍明显，稍木质气，劲头适中略偏大，舌面残留稍明显，燃烧性好，灰色尚白，使用价值和工业适用性中等，适宜做填充料烟。

36. B2K：清香型，香气质稍差，香气量略有，稍有干草香、青香、烘烤香及木香，烟气浓度中，鼻腔、口腔刺激性稍大，枯杂与青杂气稍重，劲头适中略偏大，舌面残留稍明显，燃烧性好，灰色尚白，使用价值和工业适用性稍差，适宜做填充料烟。

37. B3K：清香型，香气质稍差，稍有干草香、青香、烘烤香及木香，香气量稍有，烟气浓度中偏淡，刺激性稍大，生青、枯杂与木质气稍重，劲头适中略偏大，余味稍差、舌面残留略持久，燃烧性好，灰色灰黑，使用价值和工业适用性稍差，适宜做填充料烟。

38. GY1：清香型，香气质稍差，香气量略有，稍有干草香、青香、清甜香、烘烤香，烟气浓度中偏淡，口腔、鼻腔刺激性稍显，青杂与枯杂气稍重，劲头适中稍偏小，舌面有残留，燃烧性好，灰色白，使用价值和工业适用性稍差，适宜做填充料烟。

39. GY2：清香型，香气质稍差，稍干草香、青香、木香，香气较淡薄，烟气浓度稍淡，口腔、鼻腔刺激稍大，青杂及枯杂、木质气稍重，劲头适中稍偏小，余味稍差、舌面及口腔残留略持久，燃烧性好，灰色白，使用价值和工业适用性较差，适宜做填充料烟。

从云南大理上述39个等级红大品种的烟叶样品的内在感官质量总体评价结果来看，该产区烟叶的清香型特征明显，按2017年烟草行业发布的《全国烤烟烟叶香型风格区划的通知》属烤烟八大生态产区及八大香型风格之一的西南高原生态区清甜香型烟叶。该产区烟叶的香气质地总体较细腻，香气量充足、饱满至较充足，厚实性较好至中上，香气以干草香、青香、清甜香、木香为主，辅以烘烤香、焦甜香或蜜甜香，烟气浓度总体较浓。上中等烟刺激性不大，劲头以适中为主，稍有杂气，杂气以枯焦、木质气为主；下低等烟叶主要表现为枯焦与青杂气，余味干净至稍残留，回甜、生津感较好，燃烧性好、灰色白，使用价值和工业适用性以好、较好、稍好居多，部分副组烟叶内在感官评吸质量稍差。正组烟叶大部分适宜做卷烟配方的主料烟和配料烟，部分也可做卷烟的调味料原料，下低等级的副组烟叶一方面在收购时因等级、数量偏少，另一方面也因自身品质欠佳的原因，通常在卷烟配方中只能做填充料使用。

## 参考文献

[1] Q/YNYC(DL).J04.1.06—2014.烤烟漂浮育苗技术规程[S].

[2] GB/T 16447—2004. 烟草及烟草制品 调节和测试的大气环境[S]. 北京：中国标准出版社，2004.

[3] YC/T 291—2009.烟叶分级实验室环境条件[S].

[4] Q/YNZY(YY).J07.002—2022. 烟叶样品 调节和测试的大气环境[S]. 北京：中国标准出版社，2004.

[5] GB 2635—1992. 烤烟[S]. 北京：中国标准出版社，1992.

[6] Q/YNZY(YY).J07.101—2022 烟叶样品 外观质量评价方法

[7] YC/T 31—1996 烟草及烟草制品 试样的制备和水分测定 烘箱法[S].

[8] Q/YNZY(YY).J07.202—2022 烟叶样品 平衡含水率的测定 烘箱法[S].

[9] Q/YNZY(YY).J07.201—2022 烟叶样品 颜色值的测定 色差仪检测法[S].

[10] Q/YNZY(YY).J07.204—2022 烟叶样品 长度的测定[S].

[11] Q/YNZY(YY).J07.205—2022 烟叶样品 宽度与开片度的测定[S].

[12] Q/YNZY(YY).J07.206—2022 烟叶样品 叶尖夹角的测定[S].

[13] Q/YNZY(YY).J07.207—2022 烟叶样品 单叶质量的测定[S].

[14] Q/YNZY(YY).J07.208—2022 烟叶样品 叶片厚度的测定[S].

[15] Q/YNZY(YY).J07.209—2022 烟叶样品 定量、叶面密度与松厚度的测定[S].

[16] Q/YNZY(YY).J07.210—2022 烟叶样品 含梗率的测定[S].

[17] Q/YNZY(YY).J07.213—2022 烟叶样品 卷烟自由燃烧速度的测定[S].

[18] Q/YNZY(YY).J07.214—2022 烟叶样品 热水可溶物的测定[S].

[19] YC/T 159—2019 烟草及烟草制品 水溶性糖的测定 连续流动法[S].

[20] YC/T 161—2002 烟草及烟草制品 总氮的测定 连续流动法[S].

[21] YC/T 468—2021 烟草及烟草制品 总植物碱的测定 连续流动（硫氰酸钾）法[S].

[22] YC/T 217—2007 烟草及烟草制品 钾的测定 连续流动法[S].

[23] YC/T 162—2011 烟草及烟草制品 氯的测定 连续流动法[S].

[24] YC/T 138—1998 烟草及烟草制品 感官评价方法[S].

[25] YC/T 415—2011 烟草在制品 感官评价方法[S].

[26] Q/YNZY.J07.030—2015 烤烟原料风格与感官质量评价方法[S].

[27] Q/YNZY(YY).J07.401—2022 烟叶样品 内在感官质量评价方法[S].